Hallo Dieter,

eine Erinnerung an unsere gemeinsame Zeit am Freudenberg.

Ich wünsche Dir alles Gute!

Viele Grüße

Martha

April 2013

Labormessungen als Grundlagen für die Beurteilung von Gefährdungen an ausgewählten Arbeitsplätzen durch partikuläre Luftverunreinigungen

Dissertation zur Erlangung des Grades eines Doktors der

Ingenieurwissenschaft (Dr.-Ing.)

im

Fachbereich D – Architektur, Bauingenieurwesen, Maschinenbau, Sicherheitstechnik

der

Bergischen Universität Wuppertal

- Abteilung Sicherheitstechnik -

Vorgelegt von

Dipl.-Ing. Martina Hartwig

aus Wuppertal (geb. in Freiburg / Breisgau)

am 10.Oktober 2012

1. Gutachter: Univ.-Prof. Dr.-Ing. habil. Eberhard Schmidt
2. Gutachter: Univ.-Prof. Dr. Dr. habil. Friedrich Hofmann

Tag der mündlichen Prüfung: 13. Dezember 2012

Wuppertaler Reihe zur Umweltsicherheit

Martina Hartwig

Labormessungen als Grundlagen für die Beurteilung von Gefährdungen an ausgewählten Arbeitsplätzen durch partikuläre Luftverunreinigungen

Shaker Verlag
Aachen 2013

Bibliografische Information der Deutschen Nationalbibliothek
Die Deutsche Nationalbibliothek verzeichnet diese Publikation in der Deutschen
Nationalbibliografie; detaillierte bibliografische Daten sind im Internet über
http://dnb.d-nb.de abrufbar.

Zugl.: Wuppertal, Univ., Diss., 2012

Copyright Shaker Verlag 2013
Alle Rechte, auch das des auszugsweisen Nachdruckes, der auszugsweisen
oder vollständigen Wiedergabe, der Speicherung in Datenverarbeitungs-
anlagen und der Übersetzung, vorbehalten.

Printed in Germany.

ISBN 978-3-8440-1753-3
ISSN 1861-1001

Shaker Verlag GmbH • Postfach 101818 • 52018 Aachen
Telefon: 02407 / 95 96 - 0 • Telefax: 02407 / 95 96 - 9
Internet: www.shaker.de • E-Mail: info@shaker.de

Danksagung

An dieser Stelle möchte ich mich bei allen bedanken, die mich bei der Erstellung der vorliegenden Arbeit unterstützt haben.
Als erstes sei hier Herr Prof. Dr. Eberhard Schmidt als Betreuer genannt. Während meiner Tätigkeit in seinem Fachgebiet Sicherheitstechnik/Umweltschutz an der Bergischen Universität Wuppertal entstand diese Arbeit. Danken möchte ich Frau Prof. Dr. Anke Kahl für ihre Bereitschaft zur Übernahme des Vorsitzes in der Prüfungskommission sowie Herrn Prof. Dr. Dr. Friedrich Hofmann für die Erstellung des Gutachtens. Herrn Priv.-Doz. Dr. Udo Gerd Eickmann danke ich für seine Bereitschaft in der Prüfungskommission mitzuwirken und seinen anregenden Diskussionen während und nach den Projekten für die Berufsgenossenschaft für Gesundheitsdienst und Wohlfahrtspflege. Allen Mitgliedern der Kommission danke ich für ihre Bereitschaft, den Prüfungstermin noch vor der Geburt meines zweiten Kindes zu ermöglichen.
Stellvertretend für meine Kollegen im Fachgebiet danke ich Frau Dr. Ganna Reznik und Frau Heike Kloke-Affeld für ihre Unterstützung und motivierenden Worte sowie Herrn Matthias Parey für seine Korrekturen und Anregungen.
Des Weiteren möchte ich den Mitarbeitern der Firma Grimm, Herrn Dr. Friedhelm Schneider und Herrn Frank Tettich, danken, die mich bei Fragen der Messtechnik, den Diskussionen von Messergebnissen und der Zurverfügungstellung von Grafiken stets unterstützt haben.
Für die Bereitstellung von Haarspray und die Unterstützung zu „Feinheiten" der Haarspraytechnik bedanke ich mich bei der Firma Henkel, vertreten durch Herrn Dr. Burkhard Müller.
Ein besonderer Dank gilt meiner Familie und meinen Freunden. Ohne deren Geduld, Motivation und Diskussionen sowie das immer wieder Ermöglichen von ruhiger Arbeitszeit, wäre es mir nicht möglich gewesen diese Dissertation zu beenden und meiner Tochter in ihren ersten Lebensjahren gerecht zu werden.

Wuppertal, Januar 2013
Martina Hartwig

Zusammenfassung

In der vorliegenden Dissertation wird eine Querschnittsthematik bearbeitet, die Arbeitssicherheit und das Vorkommen von nanoskaligen Partikeln. Dadurch soll eine Gefährdungsabschätzung für ein neuartiges Risikopotential ermöglicht werden, welche als Basis für eine Gefährdungsbeurteilung dient. Diese Beurteilungen werden vom Gesetzgeber für jeden Arbeitsplatz bzw. jede Tätigkeit in einem Betrieb durch das Arbeitsschutzgesetz und die Vorschriften der Unfallversicherungsträger gefordert. Für Klein- und Kleinstunternehmen, z.B. Apotheken und Friseursalons, gilt diese Regelung ebenfalls. Dort arbeiten oft neben dem Besitzer nur wenige Angestellte. Allerdings sind durch die große Anzahl von Betrieben in diesem Bereich viele Beschäftigte tätig, beispielsweise in der Friseurbranche ca. 330000 Personen.

In dieser Arbeit wird eine Abschätzung der möglichen partikulären Exposition für Beschäftigte vorgenommen, die als Grundlage für eine Gefährdungsbeurteilung und Risikominimierung genutzt werden kann. Am Beispiel von zwei speziellen Tätigkeiten wird durch die Bestimmung der Partikelanzahlkonzentration in Größenklassen ein mögliches Vorgehen vorgestellt. Des Weiteren wird untersucht, inwieweit nanoskalige Partikeln bei der Nutzung von Haarsprays im Friseurhandwerk und beim Mörsern von Tabletten in Pflegeberufen und in Apotheken entstehen können. Als Basis für die spätere Expositionsabschätzung erfolgt die Untersuchung dieser Tätigkeiten unter Laborbedingungen, da auf diese Weise äußere Einflüsse reduziert werden können. Die Verwendung von Haarspray wurde so weit wie möglich den realen Arbeitsbedingungen angepasst und durch Vor - Ort - Messungen überprüft. Das Mörsern von Tabletten wurde beispielhaft mit einer automatischen Mörsermühle untersucht, da hierdurch die individuellen Einflüsse der ausführenden Person minimiert werden konnten.

Des Weiteren erfolgt, anders als beim herkömmlichen Vorgehen, eine partikelanzahl-bezogene und nicht eine massenbezogene Expositionsabschätzung. Um die gewonnenen Daten neu klassifizieren und beurteilen zu können, wurden weitere Versuche mit Inhalationssprays durchgeführt. Der hier zu Grunde liegende Ansatz ist, dass bei diesen Sprays die freigesetzten Partikeln gewollt tief in die Atemwege eindringen. Eine toxikologische Bewertung der Partikeln ist nicht Bestandteil dieser Arbeit, die Abschätzung erfolgt rein partikulär.

Abschließend werden die ermittelten Daten bei der Nutzung von Haarspray und dem Mörsern von Tabletten durch den Vergleich mit Inhalationspraydaten neu klassifiziert und beurteilt. Dies erfolgt durch die Bestimmung der Partikelanzahlkonzentration in Größenklassen sowie die Berechnung der Median- und der Modalwerte, so dass nicht nur eine anzahlbezogene Bewertung sondern auch eine Betrachtung der Partikelgröße einfließt. Die in dieser Arbeit ermittelten Erkenntnisse unter Laborbedingungen ermöglichen den für die Sicherheit und den Gesundheitsschutz verantwortlichen Unternehmer eine Abschätzung der Gefährdung und eine Risikominimierung durch den Vergleich von Produkten untereinander.

Abstract

This dissertation presents at cross sectional topic, namely health and safety in the workplace and the occurrence of Nano scale particles. This facilitates risk evaluation of a newly defined risk potential and can be used as a basis for risk assessment. These are mandatory by law for each worksite or activity in a business through the worker's Health and Safety Act and the guiding principles of the Statutory Accident Insurance. These regulations also apply to small and smallest scale businesses such as pharmacies and hairdressers. Frequently only a few employees are working besides the owner in these small businesses. However, due to the large number of small businesses many employees are working in this sector, for example, in the hairdressing sector about 330000 employees.

In this study an evaluation of the possible exposure of employees to particulates is carried out, which can be used as a basis for risk assessment and harm reduction. Two specific case studies are used as examples to present a new possible approach to the differentiation of particle concentrations by size.

Furthermore, the extent to which Nano scale particles are being released into the ambient air while using hairspray in a beauty parlor or while pulverizing tablets using mortar and pestle in health care and pharmacies has been investigated.

In order to provide a solid base for exposure analysis, the study was carried out under laboratory conditions to control or minimize external effects. The application of hairspray was adapted as close as possible to real life conditions and verified by on-site measurements. The grinding of tablets was carried out using an automated mill to eliminate differences in process of individuals using a mortar and pestle.

In addition, a new and different approach, using cumulative (or frequency based) analysis compared to the established mass based analysis of exposure is being presented.

In order to classify and evaluate the data obtained, additional experiments with inhalation sprays were carried out. The underlying principle is that the particles released by these sprays are supposed to penetrate deeply into the respiratory tract. A toxicological assessment is outside the scope of this study, therefore the evaluation only considered particulate matter.

In conclusion, the data obtained from the use of hairspray and the pulverization of tablets are being newly classified and evaluated in comparison to data from inhalation sprays. This is accomplished by determination of the particle concentration, particle size as well as the computation of median and modal values to include not only a quantum related assessment but also taking the particle size into account.

The knowledge obtained in the experimental setting enable business owners to assess the risk of exposure and to minimize risk by comparing products.

Résumé

La présente thèse porte sur un thème transversal, la sécurité au travail et la présence de particules nanométriques. Le but est de permettre une estimation des risques pour un danger potentiel nouveau, de manière à pouvoir ensuite procéder à une évaluation des risques. Celle-ci est requise par la législation pour chaque lieu de travail ou activité dans une entreprise, dans la loi sur la sécurité au travail et la règlementation des institutions d'assurance contre les accidents. Ces textes législatifs et réglementaires s'appliquent également aux petites et très petites entreprises, par exemple aux pharmacies et aux salons de coiffure, où ne travaillent souvent que le propriétaire et peu d'employés. Pourtant, vu la grande quantité de ce type d'entreprises, le nombre de personnes employées n'est pas négligeable, par exemple environ 330000 dans le secteur de la coiffure.

Cette étude procède à une estimation de l'exposition probable aux particules par les employés, qui puisse servir de base à l'évaluation des risques et à leur réduction. Elle présente un possible procédé, qui est la détermination de la concentration du nombre de particules par catégories de taille, en prenant l'exemple de deux activités particulières. En outre, la thèse examine dans quelle mesure les particules nanométriques peuvent survenir lors de l'utilisation de sprays pour cheveux dans les salons de coiffure, et lors du broyage de comprimés en soins infirmiers et en pharmacie. Pour réduire les influences extérieures, l'analyse de ces activités, qui a servi de base à l'estimation ultérieure de l'exposition, a eu lieu en laboratoire. L'utilisation des sprays pour cheveux a été adaptée autant que possible aux conditions réelles de travail, et vérifiée par des mesures sur site. Le broyage de comprimés a été examiné en utilisant un moulin broyeur automatique, ce qui a permis de minimiser l'influence individuelle de l'utilisateur.

De plus, contrairement à l'approche traditionnelle, l'estimation de l'exposition repose sur un comptage et non sur un pesage. Pour procéder à une nouvelle classification et à une évaluation des données obtenues, d'autres essais ont été effectués avec des inhalateurs à aérosol. Ici, l'approche de base part de l'hypothèse que les particules libérées par les aérosols pénètrent suffisamment profondément dans les voies respiratoires. L'étude n'a pas procédé à une évaluation toxicologique des particules, l'estimation a uniquement été faite au niveau particulaire.

Pour finir, les résultats obtenus par l'utilisation de sprays pour cheveux et par le broyage de comprimés ont fait l'objet d'une nouvelle classification et évaluation, par comparaison avec des inhalateurs à aérosol. Pour ce faire, il fut procédé à la détermination de la concentration du nombre de particules par catégories de taille et au calcul des valeurs médianes et modales, de manière à ce que soit prise en considération une évaluation basée non seulement sur un comptage, mais aussi sur la taille des particules. Grâce à cette étude, les résultats obtenus en salle d'expérience permettront aux entrepreneurs, responsables de la santé et de la sécurité au travail, d'évaluer les risques et de les minimiser en comparant les produits entre eux.

Inhaltsverzeichnis

1 Einleitung 1
    1.1 Arbeitsschutz und Gefährdungsbeurteilung 1
    1.2 Nanopartikeln im Fokus der Arbeitssicherheit 1
    1.3 Branchenauswahl 2
    1.4 Friseurhandwerk 2
    1.5 Pflegeberufe 3

2 Grundlagen 4
    2.1 Partikeln 4
        2.1.1 Einführung 4
        2.1.2 Inkorporationswege 5
    2.2 Nanopartikeln 7
        2.2.1 Begriffe und Abgrenzungen 7
        2.2.2 Verhalten von Nanopartikeln 8
        2.2.3 Einflüsse auf die menschliche Gesundheit 12

3 Messtechnik 14
    3.1 Einführung Messtechnik 14
    3.2 Scanning Mobility Particle Sizer (SMPS) 14
        3.2.1 Einführung SMPS 14
        3.2.2 Differential Mobility Analyzer (DMA) 15
        3.2.3 Condensation Particle Counter (CPC) 16
        3.2.4 Messsystematik des SMPS 16
    3.3 Aerosolspektrometer 17
    3.4 Wide Range Aerosolspectrometer (WRAS) 18

4 Freisetzung von Partikeln bei ausgewählten Tätigkeiten 19
    4.1 Einführung in die Auswertung der Messergebnisse 19
    4.2 Messung der Freisetzung von Partikeln bei der Nutzung von Haarsprayprodukten . 19
        4.2.1 Grundlagen für die Erstellung des Versuchsaufbaus 19

4.2.2 Grundlagen Haarspray 20

4.2.2.1 Zusammensetzung von Haarspray 20

4.2.2.2 Aufbau und Funktion eines Pumphaarspraydose 21

4.2.2.3 Aufbau und Funktion eines Treibgas-Haarspraydose 21

4.2.2.4 Erhebung von Daten zum Haarsprayverbrauch durch Friseure mittels eines Fragebogens 23

4.2.3 Vorversuche Modellraum 25

4.2.3.1 Versuchsaufbau und Versuchsdurchführung 25

4.2.3.2 Messdatenauswertung 27

4.2.3.2.1 Allgemeiner Aufbau der Darstellung der Messergebnisse 27

4.2.3.2.2 Vorversuche 27

4.2.4 Versuche Modellraum I 30

4.2.4.1 Versuchsaufbau und Versuchsdurchführung 30

4.2.4.2 Messdatenauswertung 32

4.2.4.2.1 Gesamtanzahlkonzentration 32

4.2.4.2.2 Medianwerte 40

4.2.4.2.3 Modalwerte 41

4.2.4.3 Fazit der Messungen im Modellraum 42

4.2.5 Versuche Raum A 43

4.2.5.1 Versuchsaufbau und Versuchsdurchführung 43

4.2.5.2 Messdatenauswertung 44

4.2.6 Versuche Raum B 47

4.2.6.1 Versuchsaufbau und Versuchsdurchführung 47

4.2.6.2 Auswertung 48

4.2.6.2.1 Gesamtanzahlkonzentration 48

4.2.6.2.2 Verteilungssumme 53

4.2.6.2.3 Median- und Modalwerte 54

4.2.6.2.4 Fazit der Messungen im Raum B 56

4.2.7 Ergänzende Messungen 56

4.2.7.1 Versuchsaufbau und Versuchsdurchführung 56

4.2.7.2 Versuchsvarianten und Messdatenauswertung 58

4.2.8 Friseursalon 60
    4.2.8.1 Vorgehensweise 60
    4.2.8.2 Messdatenauswertung und Darstellung 60
4.2.9 Föhnmessungen 62
    4.2.9.1 Versuchsaufbau und Versuchsdurchführung 62
    4.2.9.2 Messdatenauswertung und Darstellung 64
4.2.10 Abschließendes Fazit der Versuche mit Haarspray 67
4.3 Messung der Freisetzung von Partikeln beim Mörsern von Tabletten 68
    4.3.1 Einführung 68
    4.3.2 Grundlagen für die Erstellung des Versuchsaufbaus 68
        4.3.2.1 Einflussfaktoren 68
        4.3.2.2 Einführung in den Mörservorgang 69
        4.3.2.3 Handmörser 69
        4.3.2.4 Mörsermühle 70
        4.3.2.5 Tabletten 72
        4.3.2.6 Verwendete Messgeräte 73
    4.3.3 Versuche - Mörsermühle 73
        4.3.3.1 Vorversuche mit Pulvern 73
        4.3.3.2 Versuche - Tabletten 76
        4.3.3.3 Mörsern von zwei gleichen Tabletten 84
        4.3.3.4 Gleichzeitiges Mörsern von verschiedenen Tabletten 86
    4.3.4 Weitere Betrachtungen der Messergebnisse 87
    4.3.5 Handmörser 89
    4.3.6 Zusammenfassung der Mörserversuche 90

5 Expositionsabschätzung 92
    5.1 Einführung in die Expositionsabschätzung 92
    5.2 Versuche mit Inhalationsspray 93
        5.2.1 Grundlagen der Inhaltionsspraytechnik 93
        5.2.2 Messungen von Inhalationssprays 94

5.3 Auswertung der Messdaten durch den Vergleich der Freisetzung von Partikeln durch die Anwendung von Haar- und Inhalationsspray 103

    5.3.1 Einführung in den Vergleich der Freisetzung von Partikeln durch die Anwendung von Haar- und Inhalationsspray 103

    5.3.2 Bewertung der Ergebnisse aus dem Raum I 104

    5.3.3 Bewertung der Ergebnisse aus dem Raum B 108

    5.3.4 Abschließende Beurteilung Haarspray und Inhalationsspray 113

5.4 Auswertung des Mörsern von Tabletten und die Anwendung von Inhalationssprays 113

    5.4.1 Bewertung der Freisetzung von Partikeln durch das Mörsern von Tabletten und die Anwendung von Inhalationssprays 113

    5.4.2 Abschließende Beurteilung Tabletten und Inhalationsspray 116

6 Schlussbetrachtung und Ausblick 118

Literaturverzeichnis 122

Formelzeichen 127

Ein Warenzeichen kann warenrechtlich geschützt sein, auch wenn ein Hinweis auf etwa bestehende Schutzrechte fehlt.

Abbildungsverzeichnis

Abb. 2.1	Darstellung von verschiedenen Partikeln in Abhängigkeit von deren Durchmessern	5
Abb. 2.2	Schematische Darstellung des Atemsystems und die vom Durchmesser abhängige Eindringtiefe von Partikeln	6
Abb. 3.1	Eingesetztes Scanning Mobility Particle Sizer System Modell 5403, Fa. Grimm	15
Abb. 3.2	Schematische Darstellung des Differential Mobility Analyzer	16
Abb. 3.3	Eingesetztes Aerosolspektrometer 1.108, Fa. Grimm	17
Abb. 3.4	Schematische Darstellung des Aerosolspektrometer Messprinzips	18
Abb. 4.1	Schematische Darstellung eines Pumpzerstäubers mit dessen Bestandteilen	21
Abb. 4.2	Geöffnete Treibgas - Haarspraydose mit Bestandteilen	23
Abb. 4.3	Haarsprayverbrauch pro Tag und Salon	24
Abb. 4.4	Haarsprayverbrauch pro Mitarbeiter und Monat	25
Abb. 4.5	Messaufbau Modellraum	26
Abb. 4.6	Partikelanzahlkonzentration in Größenklassen mit Angabe der Gesamtpartikelanzahlkonzentration ohne Ventilator	29
Abb. 4.7	Partikelanzahlkonzentration in Größenklassen mit Angabe der Gesamtpartikelanzahlkonzentration mit Ventilator	29
Abb. 4.8	Auswahl der untersuchten Haarspraysorten	30
Abb. 4.9	Partikelanzahlkonzentration in Größenklassen mit Angabe der Gesamtpartikelanzahlkonzentration von High Hair Haarlack Wella	33
Abb. 4.10	Schematische Darstellung des Raums A	44
Abb. 4.11	Partikelanzahlkonzentration in Größenklassen mit Angabe der Gesamtpartikelanzahlkonzentration ohne Ventilator Balea M1 Abstand 2 m	46
Abb. 4.12	Skizze des Versuchsraums B	47
Abb. 4.13	Partikelanzahlkonzentration in Größenklassen mit Angabe der Gesamtpartikelanzahlkonzentration Performance	50
Abb. 4.14	Partikelanzahlkonzentration in Größenklassen mit Angabe der Gesamtpartikelanzahlkonzentration für die Hintergrundmessung	52

Abb. 4.15	Partikelanzahlkonzentration in Größenklassen mit Angabe der Gesamtpartikelanzahlkonzentration, Wellaflex	52
Abb. 4.16	Anzahlverteilungssumme der zu verschiedenen Zeiten gemessenen Partikelgrößen des Haarsprays Performance	53
Abb. 4.17	Skizze des Versuchsraums A und Versuchsaufbaus	57
Abb. 4.18	Versuchsaufbau relative Höhe zwischen Messgerät und Perücke	58
Abb. 4.19	Skizze des verkleinerten Versuchsraums A und Versuchsaufbaus	59
Abb. 4.20	Gesamtanzahlkonzentration c_N pro cm^3 für die 3 Friseursalons	61
Abb. 4.21	Schnitt durch einen Föhn; Gebläse (1) mit Abdeckung (2), Heizwedel (3) sowie Elektonik und Wahlschalter im Griff (4)	62
Abb. 4.22	Drei der verwendeten Föhne	63
Abb. 4.23	Partikelanzahlkonzentration in Größenklassen mit Angabe der Gesamtpartikelanzahlkonzentration, Föhn bei niedriger Temperatur	64
Abb. 4.24	Partikelanzahlkonzentration in Größenklassen mit Angabe der Gesamtpartikelanzahlkonzentration, Föhn bei hoher Temperatur	65
Abb. 4.25	Wirkende Kräfte auf das Mahlgut	69
Abb. 4.26	Verwendeter Handmörser der Fa. Haldenwanger, Waldkraiburg	70
Abb. 4.27	Schematische Darstellung einer Mörsermühle	71
Abb. 4.28	Blick auf Schale und Pistill der Mörsermühle RM 200	71
Abb. 4.29	Massenkonzentration von „Ulmer Weiß" in den Klassen inhalativ und alveolengängig mit 3 unterschiedlichen Massen	74
Abb. 4.30	Massenkonzentration von „Ulmer Weiß" in den Klassen inhalativ und alveolengängig bei 3 unterschiedlichen Pistilldrücken	75
Abb. 4.31	Bruch der Tablette Metformin 1000: links Handmörser, rechts Mörsermühle	78
Abb. 4.32	Mörsermühle mit den Messgeräten SMPS, dem Aerosolspektrometer, dem WRAS - System und der Probenentnahmestelle	79
Abb. 4.33	Anzahlkonzentration Ibubeta bei einem Pistilldruck 2	81
Abb. 4.34	Anzahlkonzentration Metformin 1000 bei einem Pistilldruck 1	82
Abb. 4.35	Anzahlkonzentration Cetrizin hexal, eine Tablette	85

Abb. 4.36	Anzahlkonzentration Cetrizin hexal, zwei Tabletten	85
Abb. 4.37	Anzahlkonzentration von drei Tabletten Cetirizin hexal, Paracetamol, Penicillin	86
Abb. 4.38	CPC-Messung der Partikelanzahlkonzentration ohne und mit eingeschalteter Sicherheitswerkbank	88
Abb. 4.39	Anzahlkonzentration Handmörser Metformin 1000	89
Abb. 5 1	Zwei Beispiele für Inhalationssprays; Druckgasinhalationsspray Beclometason und Pumpzerstäuber Berodual	94
Abb. 5.2	Anzahlkonzentration des Inhalationssprays Berodual gemessen mit dem WRAS - System	97
Abb. 5.3	Anzahlkonzentration des Inhalationssprays Berodual gemessen mit dem SMPS - System	97
Abb. 5.4	Anzahlkonzentration des Inhalationssprays Salbutamol gemessen mit dem WRAS - System	98
Abb. 5.5	Anzahlkonzentration des Inhalationssprays Salbutamol gemessen mit dem SMPS - System	98
Abb. 5.6	Anzahlkonzentration des Inhalationssprays Beclometason gemessen mit dem WRAS - System	99
Abb. 5.7	Anzahlkonzentration des Inhalationssprays Beclometason gemessen mit dem SMPS - System	99
Abb. 5.8	Anzahlkonzentration des Placebosprays gemessen mit dem WRAS - System	100
Abb. 5.9	Anzahlkonzentration des Placebosprays gemessen mit dem SMPS - System	100
Abb. 5.10	Normierte Partikelanzahlkonzentration der Inhalationssprays	101
Abb. 5 11	Darstellung der normierten Partikelanzahlkonzentration von Haar- und Inhalationsspray über die Zeit (Abklingverhalten)	105

Tabellenverzeichnis

Tab. 4.1	Typische Bestandteile von Haarspray	20
Tab. 4.2	Gesamtanzahlkonzentration c_N	28
Tab. 4.3	Verwendete Drogerie- und Friseurhaarsprays	31
Tab. 4.4	Gesamtpartikelanzahlkonzentration c_N pro Scan der 11 Haarsprays	32
Tab. 4.5	Bestandteile von Haarspray mit der dazugehörenden Dichte ρ	34
Tab. 4.6	Berechnete Sinkgeschwindigkeiten	35
Tab. 4.7	Berechnete Koagulationsfunktion K und die Koagulationsrate J für die ersten vier Scans	38
Tab. 4.8	Spezielle Gesamtpartikelverlust für bestimmte Durchmesser an der Wandoberfläche des Modellraumes	39
Tab. 4.9	Medianwerte $x_{50,0}$ der 11 Haarsprays	41
Tab. 4.10	Modalwerte x_{mod} der 11 Haarsprays	42
Tab. 4.11	Gesamtanzahlkonzentration c_N pro Scan der Hintergrundmessung und der beiden Haarsprays	45
Tab. 4.12	Übersicht der sechs ausgewählten Haarsprays	48
Tab. 4.13	Gesamtanzahlkonzentration c_N für die Hintergrundmessung und die Haarspraymessung pro Scan	49
Tab. 4.14	Medianwerte $x_{50,0}$ der sechs Haarsprays	54
Tab. 4.15	Modalwerte x_{mod} der sechs Haarsprays	55
Tab. 4.16	Gesamtanzahlkonzentration c_N pro Scan der unterschiedlichen Föhne	66
Tab. 4.17	Beispiele für Hilfsstoffe in Tabletten und deren Funktion	72
Tab. 4.18	Basismischung einer Tablette ohne Wirkstoff	73
Tab. 4.19	Übersicht der verwendeten Medikamente mit spezifischen Angaben	77
Tab. 4.20	Gesamtanzahlkonzentration c_N nach dem Mörsern von Tabletten	80
Tab. 4.21	Medianwerte $x_{50,0}$ der gemörserten Medikamente	83
Tab. 4.22	Modalwerte x_{mod} der gemörserten Medikamente	83

Tab. 4.23	Median- $x_{50,0}$ und Modalwerte x_{mod} für zwei und drei gemörserte Tabletten	87
Tab. 5.1	Verwendete Inhalationssprays	95
Tab. 5.2	Übersicht der Gesamtanzahlkonzentration c_N der verwendeten Inhalationssprays	96
Tab. 5.3	Medianwerte $x_{50,0}$ der Inhalationssprays	102
Tab. 5.4	Modalwerte x_{mod} der Inhalationssprays	103
Tab. 5.5	Übersicht der Gesamtanzahlkonzentration c_N der Haar- und Inhalationssprays im Modellraum	104
Tab. 5.6	Medianwerte $x_{50,0}$ der Haar- und Inhalationssprays im Raum A	106
Tab. 5.7	Modalwert x_{mod} der Haar- und Inhalationssprays im Raum A	107
Tab. 5.8	Übersicht der Gesamtanzahlkonzentration c_N der Haar- und Inhalationssprays im Raum B	109
Tab. 5.9	Medianwerte $x_{50,0}$ der Haar- und Inhalationssprays im Raum B	111
Tab. 5.10	Modalwerte x_{mod} der sechs Haarsprays und der Inhalationssprays	112
Tab. 5.11	Gesamtanzahlkonzentration c_N während des Mahlprozesses von Tabletten und der Inhalationssprays	114
Tab. 5.12	Medianwerte $x_{50,0}$ der gemörserten Medikamente und der Inhalationssprays	115
Tab. 5.13	Modalwerte x_{mod} der gemörserten Medikamente und der Inhalationssprays	116

1 Einleitung

1.1 Arbeitsschutz und Gefährdungsbeurteilung

Der Arbeitgeber ist für die Sicherheit und den Gesundheitsschutz der Beschäftigten im Betrieb und den Arbeitsschutz verantwortlich. Seit 1996 verlangt der Gesetzgeber für jeden Arbeitsplatz bzw. Tätigkeit eines Betriebes eine Gefährdungsbeurteilung, unabhängig von der Mitarbeiterzahl. Ziel dieser ist es, mögliche Gefährdungen für die Beschäftigten frühzeitig zu erkennen, das Risiko möglichen gesundheitlichen Schadens zu beurteilen und entsprechende Maßnahmen zum Schutz der Mitarbeiter festzulegen. Die Ergebnisse müssen dokumentiert, regelmäßig auf ihre Aktualität und die Wirksamkeit der Maßnahmen überprüft werden. Die Gefährdungsbeurteilung ist somit die Grundlage für einen präventiven Gesundheitsschutz.

Dieses Vorgehen beruht auf § 5 des Arbeitsschutzgesetzes [ArbSchG] und wird in der § 3 BGV A1 [BGV] und der GUV-V A1 [GUV] vergleichbar geregelt. Für klassische Gefährdungen, wie z.B. durch mechanische, elektrische, chemische und psychische Einflüsse, gibt es Nachschlagwerke und Hilfsmittel zur Durchführung der Gefährdungsbeurteilung, die durch gesetzliche Unfallversicherungsträger, staatliche Institutionen oder private Anbieter angeboten werden [LS11].

1.2 Nanopartikeln im Fokus der Arbeitssicherheit

Durch neue Verfahren bzw. Techniken gibt es eine ständige Weiterentwicklung und somit keinen stationären Zustand. Für das 21. Jahrhundert ist die Nanotechnologie ein solcher Bereich, in dem viel geforscht und entwickelt wird. Bei mehreren Befragungen innerhalb Europas, Nordamerikas und Japans im Jahr 2010 gab mehr als die Hälfte der Befragten an, dass sie von Nanopartikeln nichts wissen oder im Bereich von Nanopartikeln unwissend sind. Zur gleichen Zeit wurden im Auftrag der Europäischen Kommission Vertreter – u.a. Forscher, Unternehmer und Nicht – Regierungs - Organisationen (NRO) – zu diesem Thema befragt. Die Mehrheit – von 52 % bei Unternehmen bis zu 90 % bei NRO – befürchten mögliche negative Auswirkungen von nanoskalaren Partikeln auf die Gesundheit von Arbeitnehmern [GSDWZ12]

Bei neu erkannten Gefährdungsfaktoren wie z.B. Belastungen durch Nano- oder ultrafeine Partikeln, sind die Unternehmer ebenfalls gefordert, diese zu beurteilen. Folglich muss der Arbeitgeber auch in diesen Bereichen eine Abschätzung der Exposition, inwieweit eine mögliche Gefährdung für den Arbeitnehmer entstehen kann, durchführen. Im Bereich der Nanopartikeln wird zurzeit in vielen Gebieten geforscht, um die Einflüsse auf Mensch und Umwelt besser zu verstehen. In diesem Zusammenhang müssen die Begriffe Nano- und ultrafeine Partikeln definiert und abgegrenzt werden.

1.3 Branchenauswahl

An vielfältigen Stellen entstehen nanoskalige Partikeln auch in Branchen bzw. Berufen und bei Tätigkeiten, bei denen man nicht daran denkt oder es erwartet.

Ziel dieser Arbeit ist es, eine Grundlage für die Gefährdungsbeurteilung bzw. für die Expositionsabschätzung der Beschäftigten beim Umgang mit Haarspray bzw. beim Mörsern von Tabletten zu schaffen. Die beiden Tätigkeiten betreffen sehr viele Mitarbeiter, aber auch Kunden, so dass ein gewisser Handlungsbedarf gesehen wird. Oft handelt es sich um Klein- und Kleinstunternehmen, in denen oft neben dem Besitzer nur wenige Angestellte arbeiten. Allerdings sind durch die große Anzahl von Unternehmen in diesem Bereich viele Beschäftigte tätig. Des Weiteren ist es nicht bekannt, in wieweit nanoskalige Partikeln freigesetzt werden können. Der Ansatz für eine Abschätzung liegt hier in der Bestimmung der Anzahlkonzentration in der Luft und nicht in der Betrachtung der Partikelmasse, wie es bei vielen Expositionsmodellen der Fall ist.

1.4 Friseurhandwerk

Im Jahr 2010 arbeiten ca. 330000 versicherte Personen in der Friseurbranche, wobei diese nicht alle Vollzeit beschäftigt waren [EIC12]. Die Verwendung von Haarspray erfolgt mehrmals täglich während der Arbeitszeit. Die Nutzung ist abhängig von der Kundenzahl und der Verwendung von Haarspray, so dass zuerst Partikelanzahlmessungen mit Haarspray unter Laborbedingungen durchgeführt und zuletzt die Übertragbarkeit auf Friseursalons überprüft wird. Bei diesen genannten Messungen haben die Hintergrundkonzentration, die Lüftungsverhältnisse, wie z.B. geöffnete Türen oder Fenster, und die anderen Tätigkeiten in Friseursalons einen Einfluss auf die Messergebnisse. Auch im Labor haben diese Faktoren Einfluss, diese können dort gezielt beeinflusst werden, so dass die Versuche reproduzierbar werden. Das sind weitere Gründe, warum die Haarsprayversuche zuerst unter Laborbedingungen durchgeführt wurden.

Auch ist der Umgang mit Haarspray sowohl in privaten Haushalten als auch in Friseursalons oft unbewusst und häufig, da in der Werbung suggeriert wird, dass von einem Kosmetikprodukt keine Gefährdung ausgehen kann. Im Jahr 2011 wurden ca. 119 Mio. Haarspraydosen in Deutschland hergestellt [IGA]. Anders ist der Umgang bei z.B. Spraydosen mit Farben oder Imprägnierspray, da in technischen Berufen das Bewusstsein für eine Gefährdung ausgeprägter ist.

Es werden von „Nanotechnik" mehr Vorteile und weniger Risiken erwartet als von „Chemikalien" – auch wenn Nanopartikeln eine Untergruppe der Chemikalien sein können [GSDWZ12]. In den Massenmedien werden die positiven Aspekte der Nanotechnologie betont. Um diese positive Grundeinstellung in der Bevölkerung zu nutzen, werden auch Produkte mit dem Zusatz „Nano" bezeichnet, die keine Nanopartikeln beinhalten [GSDWZ12], z.B. Magic - Nano - Glasversiegeler und Magic - Nano - Keramikversiegeler der Firma Kleinmann [BFR06].

1.5 Pflegeberufe

In der ambulanten bzw. stationären Pflege arbeiten ca. 1,2 Millionen ausgebildete Pflegekräfte zu deren Tätigkeit auch das Mörsern von Tabletten gehört [EHS12]. Auch bei dieser Arbeit ist oft ein unbedenklicher Umgang der Beschäftigten, da von einer Tablette keine Gefahr ausgehen kann, wenn keine gezielte Einnahme erfolgt. Diese Tätigkeit wird mehrmals täglich in Apotheken, in Krankenhäusern und Pflegestationen, abhängig von der Disziplin und den Patienten, durchgeführt. Partikelmessungen vor Ort waren nicht möglich, so dass das Mörsern von Tabletten ausschließlich unter Laborbedingungen untersucht wurde. Bei diesen Versuchen wurden zuerst die Einflussfaktoren wie z.b. Pistilldruck und Menge auf die Messergebnisse bestimmt, danach die Partikelanzahlkonzentration beim Mörsern von Tabletten untersucht.

Ein zusätzlicher Untersuchungsgegenstand dieser Arbeit ist, zu ermitteln in wie weit bei den genannten Tätigkeiten nanoskalare Partikeln bzw. ultrafeine Partikeln freigesetzt werden, da dies Partikeln andere physikalische Eigenschaften als ihre größeren Pendants haben können.

Die eigentliche Expositionsabschätzung für die beiden betrachteten Tätigkeiten wird anzahlbezogen erfolgen. Damit dieses möglich ist, wurden zusätzlich Versuche mit Inhalationssprays durchgeführt. Der dabei zu Grunde liegende Ansatz ist, dass Inhalationssprays gezielt in den Atemtrakt appliziert werden. Es ist zu vermuten, dass der größte Mengenanteil der Partikelanzahl im Bereich von Nanometern liegt.

2 Grundlagen

2.1 Partikeln

2.1.1 Einführung

Auf den Menschen wirken täglich die unterschiedlichsten Arten von Partikeln. Diese unterscheiden sich sowohl in ihrer Entstehung, natürlichen bzw. anthropogenen Ursprungs, als auch in der Partikelgröße, die für die Einteilung wie z.B. Fein- und Grobstaub und ihre Wirkung von Bedeutung sind. Quellen für Stäube sind in der Literatur ausreichend dokumentiert und diskutiert worden, so dass in dieser Arbeit einige Beispiele genannt, aber nicht ausführlich besprochen werden.

Beispiele für natürliche Partikeln sind Meersalze, Pollen, Wüstensand und Vulkanasche. Anthropogene Quellen für Partikeln sind z.B. Industrie und Verkehr, Heizungen und Arbeiten in der Landwirtschaft [DEC10]. In Arbeitsbereichen entstehen Partikeln z.B. beim Schweißen, Schleifen, Lackieren und Umgang mit Kühlschmierstoffen [MOE05]. Diese Beispiele zeigen, wie vielfältig die Entstehung von Partikeln sein kann. Der Schwerpunkt dieser Arbeit ist die Entstehung von Nanopartikeln bzw. ultrafeinen Partikeln bei der Nutzung von Haarsprays und dem Mörsern von Tabletten. Nanopartikeln können andere chemische und physikalische Eigenschaften [BEC07] haben als die größeren Pendants. Diese Problematik wird in Abschnitt 2.2.2 genauer ausgeführt.

Die Größe von Partikeln ist sowohl für die Klassifizierung, als auch für die Beurteilung der gesundheitlichen Auswirkungen von Bedeutung. Eine Übersicht von unterschiedlichen Partikeln und deren Größen ist in Bild 2.1 dargestellt. Um einen Anhaltspunkt für die Größe zu erhalten, sind zusätzlich Angaben wie z.B. das Haar dargestellt.

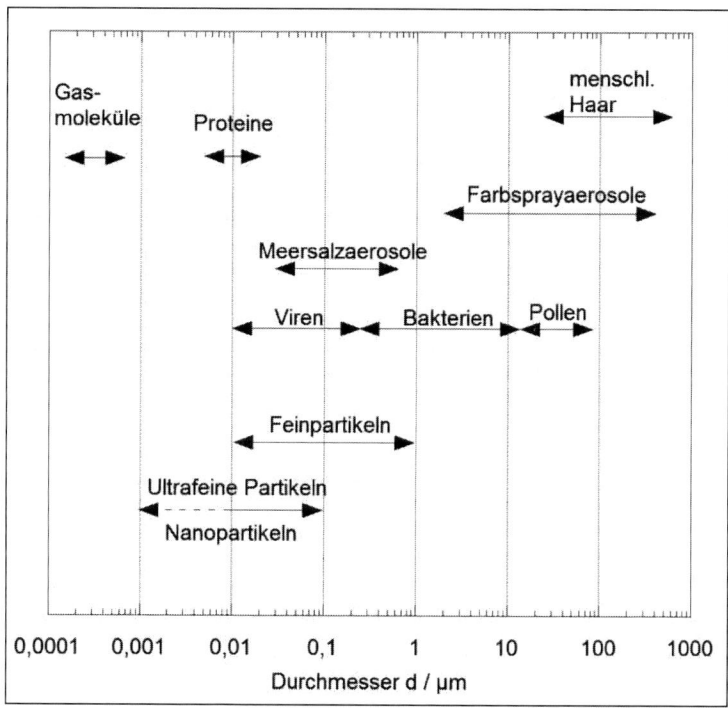

Abb. 2.1: Darstellung von verschiedenen Partikeln in Abhängigkeit von deren Durchmessern [nach HIN99]

2.1.2 Inkorporationswege

Da der Schwerpunkt der Arbeit eine Abschätzung für die Gefährdung von Mitarbeitern bei zwei bestimmten Tätigkeiten ist, sind die möglichen Inkorporationswege für Partikeln von Bedeutung. Partikeln können über drei Wege in den Körper aufgenommen werden. Diese sind inhalativ (über die Lunge), ingestiv (durch Verschlucken) und dermal (über die Haut) [WBDMSF12]. Es bedeutet nicht zwangsläufig, dass immer eine Schädigung hervorgerufen wird, wenn Partikeln in den Körper gelangt sind. Dieses ist von mehreren Faktoren abhängig wie z.B. von der Expositionsdauer, der Partikelkonzentration und der Größe, den Eigenschaften der Partikeln und inwieweit die Schutzfunktionen des Körpers intakt sind.

Inhalation

Zuerst wird auf die Aufnahme von Partikeln über die Atemwege eingegangen. Diese ist abhängig z.b. von der Art der Atmung, Nase- oder Mundatmung, und dem Atemzugvolumen. Der menschliche Körper hat unterschiedliche Mechanismen, um Fremdkörpern also auch Partikeln, abzuscheiden. Die Nasenhöhle ist mit einer Schleimhaut und feinsten Härchen ausgekleidet, so dass durch die Bewegung der Härchen abgefangene Fremdkörper nach außen befördert werden können. Auch der Hustenreflex ist ein Abwehrmechanismus des Körpers, um Fremdkörper aus den tieferen Atemwegen und dem Kehlkopf nach außen zu transportieren [SA99]. Das nachfolgende Bild 2.2 zeigt, die verschiedenen Stufen des Atemtraktes und wie weit die unterschiedlichen Partikelgrößen in den Körper gelangen können.

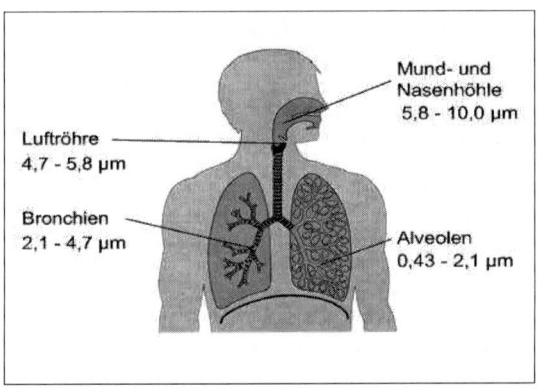

Abb. 2.2: Schematische Darstellung des Atemsystems und die vom Durchmesser abhängige Eindringtiefe von Partikeln [nach HRPKB03]

Die Inhalation gilt bei nanoskaligen Partikeln als Hauptaufnahmeweg [WBDMSF12]. Basierend auf der Eindringtiefe von Partikeln in den Atemtrakt können diese nach DIN EN 481 massenbezogen in inhalative, thorakale und alveolengängige Fraktionen unterschieden werden. Als inhalative (bzw. einatembare) Fraktion wird der durch Mund und Nase eingeatmete Massenanteil aller Schwebstoffe bezeichnet. Der Massenanteil, der den Kehlkopf passiert, wird als thorakale Fraktion bezeichnet. Gelangen Partikeln bis zu den Lungenbläschen (nichtciliierte Luftwege) vor, wird dieser Massenanteil als alveolengängige Fraktion bezeichnet [DIN481]. Das Vordringen von Partikeln bedeutet nicht, dass sich die Partikeln auch an dieser Stelle ablagern oder eine Schädigung hervorrufen.

Sehr kleine Partikeln, die zu den Alveolen gelangen, werden dort von den Makrophagen, sog. Fresszellen umschlossen, und, wenn möglich, verdaut und ausgeschieden. Können diese nicht vollständig abgebaut werden, kann dies zu Fibrosierung des Lungengewebes führen [SA95].

In der medizinischen Anwendung ist die Partikelgröße von besonderer Bedeutung. Bereits im Altertum wurde die Inhalation zur Behandlung von Atemwegserkrankungen verwendet. Heute wird der Effekt, dass Partikeln unterschiedlich tief in den Atemtrakt dringen können auch für z.b. Asthmasprays verwendet, wo diese dann ihre therapeutische Wirkung entfalten können [BFF99].

Für Arbeitsplätze bedeuten kleine Partikeln, dass diese sich weit in Arbeitsbereichen verteilen und lange in der Luft verbleiben. Des Weiteren können Gefährdungen von Partikeln selbst ausgehen, auch können andere (Schad-)Stoffe an Partikeln anhaften, so dass dadurch eine Gefährdung entstehen kann [UBA06].

Dermale Aufnahme

Als nächstes wird die Haut als Aufnahmeweg für Partikeln betrachtet. Diese ist das größte Organ des Menschen mit einer Fläche von 1,5 bis 2 m² und einer Dicke von 1 bis 4 mm. Die Haut besteht aus drei Schichten, Epidermis (Oberhaut), Dermis (Lederhaut) und Subcutis (Unterhautfettgewebe), die unterschiedliche Funktionen haben. Die Aufgabe der Haut ist es, den Körper vor schädlichen Umwelteinflüssen sowie vor physikalischen, chemischen und biologischen Einwirkungen zu schützen. Des Weiteren dient diese zur Regulierung des Wasserhaushaltes und der Aufnahme von Sinneseindrücken [SA95]. Wenn die Haut intakt ist, schützt diese effektiv vor dem Eindringen von Partikeln. Ist die Haut verletzt oder angegriffen, können Partikeln dort eindringen.

Ingestion

Ingestion bedeutet die Aufnahme von Partikeln durch Verschlucken. Dieses passiert vor allem, wenn an Arbeitsplätzen gegessen oder getrunken wird, da die Partikeln sich dann dort ablagern bzw. von den Händen an das Essen gelangen können. Aus diesem Grund gilt an vielen Arbeitsplätzen ein Essensverbot.

2.2 Nanopartikeln

2.2.1 Begriffe und Abgrenzungen

Der Begriff „nano" kommt aus dem griechischen „nanos" und bedeutet „Zwerg". Es steht für ein Milliardenstel, d.h. 1 nm = 1/1000000000 m = 10^{-9} m. Nanoobjekte sind Materialien mit einer, zwei oder drei Abmessungen (Außenmaße) im Bereich von 1 nm bis 100 nm. Die untere Grenze wurde eingeführt, damit nicht einzelne Atome als Nanoobjekte bezeichnet werden. Beispiele für Nanoobjekte sind Nanoplättchen (eine Dimension im Nanobereich), Nanofasern (zwei Dimensionen im Nanobereich) und Nanopartikeln (drei Dimensionen im Nanobereich) [DIN1121].

Nanopartikeln werden gezielt nach Maß hergestellt und haben meistens andere chemische und physikalische Eigenschaften als die größeren Pendants wie z.B. einen tieferen Schmelzpunkt [BEC07]. Durch ihre geringe Größe haben Nanopartikeln eine verhältnismäßig große Oberfläche, so dass die chemische Reaktivität erhöht sein kann [LUMN10, BEC07]. Auch haben Nanopartikeln eine andere biologische Aktivität [LUMN10]. Eingesetzt werden diese z.b. in der Automobil-, Elektronik-, Optik- und Kosmetikindustrie z.b. als Bestandteile von Sonnencremes oder in der Medizin [SUVA09, BEC07]. Bei der Herstellung von Nanopartikeln werden üblicherweise so genannte „primäre" Nanopartikeln erzeugt, die normalerweise sehr reaktiv sind. Innerhalb weniger tausendstel Sekunden reagieren diese mit anderen primären Nanopartikeln. Sie verbinden sich chemisch zu sekundären Aggregaten und sind nur schwer bis gar nicht mehr zu trennen. Verbinden sich die primäre Nanopartikeln zu Agglomeraten, lassen sich diese wieder aufbrechen [DIN1121].

Als ultrafeine Partikeln werden solche bezeichnet, die auch eine Größe bis 100 nm haben, aber nicht gezielt hergestellt werden und oft Nebenprodukte von Prozessen sind. Beispiele sind Waldbrände oder Schweißemission. Auch existiert der Begriff ultrafeine Partikeln deutlich länger als der Nanopartikelbegriff, so dass nicht immer eine genaue Unterscheidung möglich ist [NIOSH09]. In dieser Arbeit wird der Begriff Nanopartikeln verwendet, auch wenn es sich stellenweise um ultrafeine Partikeln handeln könnte. Auch wird der Begriff Nanopartikel weiter verwendet, wenn der Durchmesser größer als 100 nm ist, da es sich teilweise um Agglomerate von Nanopartikeln handeln könnte. Diese werden auch als Nanoaerosole bezeichnet [NIOSH09].

Es gibt erste Überlegungen den Begriff Nanomaterial zu erweitern, indem sowohl die Partikelverteilung als auch die Größe als Kriterien herangezogen werden. Wenn mehr als 50 % der Anzahlkonzentration kleiner als 100 nm ist, würde nach dieser Definition von Nanomaterialien gesprochen. Des Weiteren soll die Obergrenze auf 500 nm erweitert werden, wobei gleichzeitig 50 % der Anzahlkonzentration kleiner 100 nm sein muss [AKNP11, UKNSPG12].

2.2.2 Verhalten von Nanopartikeln

Im Nachfolgenden werden Begriffe zum Verhalten von Partikeln, die für die spätere Auswertung der Messdaten von Bedeutung sind, erläutert. Der Schwerpunkt liegt hierbei auf dem Verhalten von Nano- bzw. ultrafeinen Partikeln.

Diffusion

Die Literatur zeigt, dass primäre Nanopartikeln bzw. ultrafeine Partikeln als solche kurzzeitig existieren, da diese schnell mit anderen agglomerieren (engl: coagulation / koagulieren [HIN99]). Dieses ist u.a. durch die starke Diffusionseigenschaften der Partikeln selbst zu erklären [STI09]. Diese ist abhängig von der Konzentration und der Größenverteilung der Partikeln sowie den thermodynamischen Bedingungen. Der Begriff Brown'sche Bewegung / Diffusion und molekulare Diffusion werden häufig gleichbedeutend verwendet. Diese beschreibt die Eigenbewegung der Aerosolpartikeln in der Luft, die unkontrolliert und ungleichförmig ist. Die Brown'sche Diffusion gewinnt an

Bedeutung je kleiner die Partikeln sind. Bei Nanopartikeln ist sie der bestimmende Einflussfaktor für deren Bewegung [HNNY07, BIA03].

Agglomeration

Agglomeration bezeichnet die Entstehung von Agglomeraten, so genannten Sekundärpartikeln, aus Primärpartikeln. Die resultierende Oberfläche des Agglomerates ist ähnlich der Summe der Oberflächen der ursprünglichen Partikeln. Zwischen diesen wirken schwache Kräfte wie z.b. van - der - Waals - Kräfte. In der englischsprachigen Literatur wird oft der Begriff koagulieren statt agglomerieren verwendet [DIN1121, HIN99, BIA03].

Die Lebensdauer dieser Partikeln beträgt zwischen Bruchteilen von Sekunden bis zu Stunden, abhängig von der Konzentration und der Partikelgröße. Liegen in einem Gemisch z.B. Partikeln mit einem Durchmesser von 0,01 µm und 1,0 µm vor (so genannte polydisperse Koagulation), agglomerieren diese 500 mal schneller als wenn Partikeln der Größe 1,0 µm alleine vorlägen (so genannte monodisperse Koagulation). Die Masse bzw. das Volumen einer 1,0 µm großen Partikel wird bei der Agglomeration von Partikeln der Größe 1,0 µm und 0,1 µm nur um 0,1 % größer, der Durchmesser wird um 0,03 % größer. Das bedeutet: für die größeren Partikeln ändert sich kaum etwas, die kleinen aber verschwinden komplett.

Eine Möglichkeit diese Koagulation bei Nanopartikelquellen an Arbeitsplätzen zu berechnen wurde für die folgenden Bedingungen entwickelt. Eine Quelle gibt kontinuierlich Nanopartikeln einer bestimmten Größe ab, der Raum ist gut durchmischt, dann können die Anzahlkonzentration und die Größenverteilung der Partikeln bestimmt werden. Diese Simulation kann nur bedingt für die durchgeführten Messungen genutzt werden, da keine kontinuierliche Nanopartikelquelle vorliegt. Die so berechneten Daten sind für die Kurvenverläufe der Messdaten von Interesse, so dass später noch einmal auf die Simulationsergebnisse eingegangen wird [AMYSK12].

Für die Bestimmung der Koagulationsereignisse der Partikeln während der Versuche, kann rechnerisch die Koagulationsrate J bestimmt werden. Diese beschreibt wie schnell kleine Partikeln aus einem Gemisch verschwinden.

Koagulationsrate

Die Koagulationsrate J beschreibt somit die Koagulationsereignisse pro Zeit- und Volumeneinheit und kann nach der folgenden Formel berechnet werden:

$$J = K(x_1; x_2) \cdot n_1 \cdot n_2 \qquad\qquad [\text{RW11}] \qquad (2.1)$$

n_X = Anzahlkonzentration
$K(x_1; x_2)$ = Koagulationsfunktion in Anhängigkeit der Durchmesser x_1 und x_2

Die Koagulationsfunktion K wird wie folgt berechnet:

$$K = \pi(x_1 \cdot D_1 + x_1 \cdot D_2 + x_2 \cdot D_1 + x_2 \cdot D_2) \qquad \text{[HIN99]} \qquad (2.2)$$

x_1 = kleiner Partikeldurchmesser
D_1 = der dazu gehörende Diffusionskoeffizent
x_2 = großer Partikeldurchmesser
D_2 = der dazu gehörende Diffusionskoeffizent

Die Koagulationsfunktion hängt somit deutlich von der Größe der Partikeln ab. K wird umso größer, je unterschiedlicher die Größen der Partikeln sind. Diese Berechnung ist eine Näherung, da bei diesem Ansatz von einer kontinuierlichen Diffusion der Partikeln ausgegangen wird, die Konzentrationsänderung wird nicht berücksichtigt. Der somit gemachte Fehler ist bei großen Partikeln vernachlässigbar kann aber bei sehr kleinen Partikeln eine größere Bedeutung bekommen. Die Koagulationsrate J wird im späteren Teil dieser Arbeit mit der vereinfachten Form berechnet, da die kinetische Korrektur ab einem Partikelradius r von 0,1 µm bereits vernachlässigt werden kann. Eine weitere Näherung bei dieser Berechnung ist die Bestimmung der Diffusionskoeffizienten D, die für bestimmte Partikelgrößen aus Tabellen abgelesen und nicht zusätzlich berechnet werden [RW11].

Transport von Partikeln

Eine weitere Möglichkeit für die Abscheidung von nanoskaligen Partikeln ist das Anhaften an Oberflächen auf Grund ihrer Diffusionseigenschaften. Die für die Berechnung dieses Abscheidemechanismus benötigte Formel kann durch Integration nach dt aus der Diffusionsflussdichte J^* m^{-2} s^{-1} bestimmt werden [HIN99].

$$J^* = n_a \cdot \left(\frac{D}{\pi \cdot t}\right)^{\frac{1}{2}} \qquad (2.3)$$

t = Zeitintervall
n_a = Ausgangskonzentration
D = Diffusionskoeffizient

Nach der Integration nach dt ergibt sich die folgende Formel für die anhaftenden Partikeln pro Fläche und vergangener Zeit N(t):

$$N(t) = 2 \cdot n_a \cdot \left(\frac{Dt}{\pi}\right)^{\frac{1}{2}} \qquad \text{[HIN99]} \qquad (2.4)$$

t = Zeitintervall
n_a = Ausgangskonzentration
D = Diffusionskoeffizient

N(t) kann somit einen Anhaltspunkt dafür darstellen, wie viele Partikeln an Oberflächen abgelagert werden können. Diese Größe ist abhängig von der vergangenen Zeit und von der vorliegenden Ausgangspartikelanzahlkonzentration.

Sedimentation

Wie bereits erwähnt verweilen Nanopartikeln von Sekunden bis zu Stunden in der Umgebung. Über die Sinkgeschwindigkeit der Partikeln besteht die Möglichkeit die Verweilzeit dieser zu berechnen. Für kleine Partikeln mit einer Reynoldszahl $Re_p < 1$ kann die Sinkgeschwindigkeit nach Stokes berechnet werden. Die Reynoldszahl ist eine dimensionslose Ähnlichkeitskennzahl und beschreibt die Art der Strömung. Stokes hat den Strömungswiderstandkoeffizienten c_w für kleine Partikeln mit $C_w = \frac{24}{Re}$ berechnet. Die Sinkgeschwindigkeit $\omega_{s,st}$ in m s^{-1} lässt sich wie folgt berechnen [SCH01]:

$$\omega_{s,st} = \frac{(\rho_p - \rho_g) \cdot g \cdot x^2}{18\eta} \quad (2.5)$$

ρ_g = Gasdichte, hier: ρ_g = 1,204 kg m^{-3}
ρ_p = Partikeldichte
g = Erdbeschleunigung, g = 9,80665 m s^{-2}
x = Partikeldurchmesser
η = dynamische Viskosität, hier: 1,8·10^{-5} kg m^{-1} s^{-1}

Für sehr kleine Partikeln x < ca. 10 µm muss die Stokes - Gleichung mit der einheitenlosen Cunningham - Korrektur Cu ergänzt werden, da die Partikeln zunehmend durch die Brown'sche Molekularbewegung beeinflusst werden.

$$Cu = 1 + \frac{\lambda}{x} \cdot [2{,}514 + 0{,}8^{-\frac{0{,}55 \cdot x}{\lambda}}] \quad (2.6)$$

x = Partikeldurchmesser
λ – mittlere freie Weglänge

Die Sinkgeschwindigkeit $\omega_{s,st}$ nach Stokes mit der Cunningham - Korrektur lautet dann [SCH01, STI09]:

$$\omega_{s,st}^* = \omega_{s,st} \cdot [1 + \frac{\lambda}{x} \cdot [2{,}514 + 0{,}8^{-\frac{0{,}55 \cdot x}{\lambda}}]] \quad (2.7)$$

Um die Verweildauer der Partikeln berechnen zu können, muss die Höhe des Raumes bekannt sein. Dann lässt sich die Verweilzeit wie folgt berechnen:

$$t_{verw} = \frac{h}{\omega_{s,st}^*} \qquad (2.8)$$

t_{verw} = Verweildauer
h = Höhe des Raumes

2.2.3 Einflüsse auf die menschliche Gesundheit

Im Nachfolgenden wird auf die gesundheitsgefährdende Bedeutung von Nanopartikeln eingegangen. Die Nanotechnologie ist die Wissenschaft des 21. Jahrhunderts. Zur Beurteilung des gesundheitlichen Risikos im Umgang mit Nanopartikeln ist vieles noch nicht endgültig geklärt.

Die gesundheitlichen Effekte von ultrafeinen Partikeln werden kurz zusammen gefasst. Studien mit Versuchstieren haben gezeigt, dass diese Partikeln entzündlichere Reaktionen im Organismus hervorrufen als größere Partikeln. Auch gelangen ultrafeine Partikeln tief in die Atemwege und können sich dort ablagern [UBA06, BIA03]. Bei einem Partikeldurchmesser von 500 nm ist die Wahrscheinlichkeit der Deposition im Alveolenbereich minimal. Maximal ist diese bei einer Größe zwischen 20 nm und 50 nm und liegt zwischen 50 % und 60 % [MOE07]. Des Weiteren können ultrafeine Partikeln durch Zellmembranen dringen und sich im Körper ausbreiten [UBA06, BIA03]. Eine Übertragbarkeit von den Erkenntnissen bei ultrafeinen Partikeln sind nur bedingt möglich, da Nanopartikeln teilweise veränderte Strukturen haben [RSRA04].

Die toxikologische Wirkung von nanoskaligen Partikeln wird bestimmt durch deren physikalischen und / oder chemischen Beschaffenheit. Ihre Biopersistenz sowie die Löslichkeit im biologischen Milieu beeinflussen die Wirkung und Verweildauer im menschlichen Körper [BAGS11].

Nanopartikel können wie größere Partikeln über drei Wege in den Körper gelangen, inhalativ, dermal und durch Ingestion (vgl. Abschn. 2.1.2).

Zuerst wird auf die Problematik der Inhalation eingegangen. An Arbeitsplätzen stellt die inhalative Inkorporation die häufigste Aufnahmeart dar [WBDMSF12]. In diesem Bereich gibt es verschiedene Studien, inwieweit sich Nanopartikeln im Körper ausbreiten können. Diese kommen zu unterschiedlichen Ergebnissen, die im Folgenden dargestellt werden.

Es gibt Anhaltspunkte, dass die Ausmaße der Agglomerate von Nanopartikeln eine Bedeutung auf die Toxizität haben [NIOSH09]. Tierversuche haben gezeigt, dass Nanopartikeln über den Atemtrakt / die Lunge in den Blutkreislauf und so in andere Organe gelangen konnten. Bei Ratten wurde nachgewiesen, dass einzelne Nanopartikeln mit einem Medianwert zwischen 35 nm und 37 nm über die Nase und den Riechnerv ins Gehirn gelangen konnten [NIOSH09]. Unlösliche Partikeln mit einer Größe zwischen

20 nm und 500 nm konnten über die sensorischen Nerven, einschl. Riech- und Trigeminusnerv, ins Gehirn gelangen. Inwieweit diese Daten auf den Menschen übertragbar sind, ist nicht bekannt. Möglicherweise können Nanopartikeln schwere Erkrankungen in der Lunge beim Menschen hervorrufen [LUMN10].

Ein weiterer Aspekt, der untersucht wurde, ist inwieweit eingeatmete Agglomerate bzw. Aggregate von Nanopartikeln im Körper zerfallen, nachdem diese in die Lunge gelangt sind. Versuche mit Ratten haben gezeigt, dass sich die Größe der eingeatmeten Partikeln ändert, wenn diese mit biologischem Material Kontakt hatten und diese nicht zerfallen. Außerdem hat sich gezeigt, dass ca. 1 % der in der Lunge aufgenommenen Partikeln in eine andere Körperregion gelangen konnte. Die eingeatmeten Aggregate bzw. Agglomerate waren mit 1300 nm verhältnismäßig groß. In diesem Fall kann die Lunge als primärer Wirkungsort gesehen werden [BAUA1118].

Bei einer weiteren Studie ist die Wirkung von Nanopartikeln auf die Erbinformation von Lungenzellen untersucht worden. Es ist bekannt, dass einige Stäube, wie z.B. Siliziumdioxid, Tumore in der Lunge hervorrufen können. Bei dieser Untersuchung wurde das Lungengewebe von Ratten drei Monate, nachdem diese den Stäuben ausgesetzt worden waren, mit dem Mikroskop untersucht. Es hat sich gezeigt, dass die Stäube, welche Tumore auslösen können, bei größeren Mengen Schädigungen am Erbgut (DNS) des Lungengewebes hervorgerufen haben [BAUA1128].

Tierversuche haben gezeigt, dass Nanopartikeln durch die Haut dringen können, welche Effekte dies hat, ist jedoch noch nicht endgültig geklärt. Versuche mit Schweinehaut haben gezeigt, dass Nanopartikeln mit unterschiedlichen physiochemischen Eigenschaften diese durchdringen können. Die Studie NanoDerm zeigt, dass die intakte menschliche Haut gegenüber Titandioxidnanopartikeln eine effektive Schutzbarriere bietet [NIOSH09]. Diese Partikeln wurden nicht in tiefen Hautschichten oder in Kontakt mit vitalen Zellen nachgewiesen sondern nur zwischen den abgestorbenen Zellen in den Bereichen der Hornhaut oder der Haarfollikeln. Ryman - Rasmussen et al. haben gezeigt, dass die kommerziell erhältliche Quantum Dots (z.B. in LEDs und als Marker, meist aus Halbleitermaterial) durch die intakte Haut dringen können [NIOSH09]. Ist die Haut stark beansprucht, kann davon ausgegangen werden, dass diese schlechten bis keinen Schutz im Umgang mit Nanopartikeln bietet. Zusammenfassend kann festgehalten werden, dass die Aufnahme von Nanopartikeln durch die menschliche Haut abhängig von der Art der Nanopartikeln und dem Zustand der Haut ist [NIOSH09].

Eine untergeordnete Bedeutung hat die Aufnahme von Nanopartikeln durch Ingestion. Diese ist nicht größer als bei anderen Partikeln und kann durch allgemeine Maßnahmen wie z.B. Essensverbot in bestimmten Arbeitsbereichen reduziert werden. Beispiele sind Labore oder Fertigungshallen. Ein Verschlucken der Partikeln kann auch durch den Hustenvorgang hervorgerufen werden. Die im Atemtrakt abgeschiedenen Partikeln werden ausgehustet und können so heruntergeschluckt werden.

3 Messtechnik

3.1 Einführung Messtechnik

Dieses Kapitel gibt einen Überblick über die verwendete Messtechnik, um ein einheitliches Grundverständnis ihrer Funktion zu vermitteln. Durchgeführt wurden die Messungen entweder mit dem Scanning Mobility Particle Sizer (SMPS) Modell 5403 der Firma Grimm, welches einen Messbereich von 11,1 nm bis 1083 nm umfasst, oder dem Aerosolspektrometer Modell 1.108 der Firma Grimm, dessen Messbereich zwischen 0,3 µm und 20 µm liegt und in 15 Größenklassen aufgeteilt ist. Auch die Kombination der beiden Geräte, genannt „Wide - Range -Aerosolspectrometer" (WRAS) ist möglich und wurde verwendet. Der Vorteil dieser Kombination ist, dass durch die Verwendung eines anderen „Differential Mobility analyzer" (DMA) der Messbereich bei 5 nm beginnt und bis 20000 nm reicht, so dass kleine und größere Partikeln bestimmt werden können.

Zurzeit gibt es verschiedene Hersteller für SMPS - Systeme. Diese können unterschiedliche Algorithmen zur Auswertung der Rohdaten oder Detektionsprinzipien verwenden, so dass unterschiedliche Messergebnisse bei gleichem Sachverhalt entstehen [TIBBIV12].

3.2 Scanning Mobility Particle Sizer (SMPS)

3.2.1 Einführung SMPS

Das Funktionsprinzip eines SMPS - Systems ist in der Literatur ausreichend beschrieben, so dass es hier möglich ist eine Zusammenfassung zu geben [UBA06, WRL91, BW05, GRIMM06].

Diese Messtechnik ermöglicht die Messung von nanoskaligen Partikeln. Das zu Grunde liegende Messprinzip wurde Anfang des 20. Jh. entwickelt und bis in die 70er Jahren so verbessert, dass die Bestimmung der Partikelgrößenverteilung möglich ist [Grimm06]. Das SMPS - System setzt sich aus zwei Hauptkomponenten, dem „Differential Mobility Analyzer" (DMA) und dem „Condensation Particle Counter" (CPC), die im Nachfolgenden genauer erklärt werden, zusammen. Das nachfolgende Bild 3.1 zeigt das verwendete SMPS mit dem CPC und dem DMA.

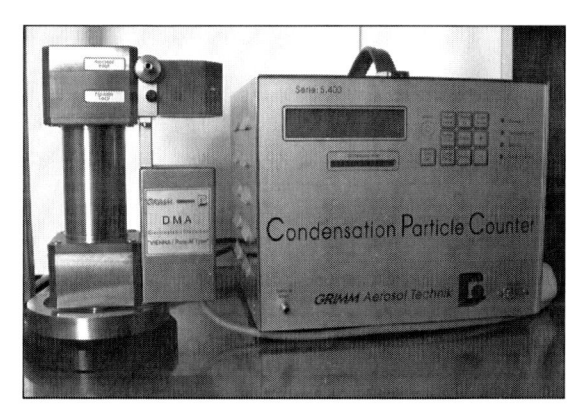

Abb. 3.1: Eingesetztes Scanning Mobility Particle Sizer System Modell 5403, Fa. Grimm

3.2.2 Differential Mobility Analyzer (DMA)

Der „Differential Mobility Analyzer" (DMA) besteht aus dem Vorimpaktor, dem Neutralisator und dem eigentlichen Klassifizierer. Der Vorimpaktor wird benötigt, um Partikeln oberhalb einer bestimmten Größe, hier 1083 nm, durch den Trägheitseffekt abzuscheiden, so dass nur noch Partikeln mit einem geringeren aerodynamischen Durchmesser weiter in den Neutralisator gelangen. Der Neutralisator, hier eine Americium 241 Quelle, wird benötigt, um eine bekannte Ladungsverteilung auf den Partikeln zu erzeugen, die dann in dem DMA klassifiziert werden können [GRIMM06].

Das Prinzip des DMA ist, dass die Partikeln nach ihrer elektrischen Mobilität in einem elektrischen Feld getrennt werden können. Die beiden Elektroden sind der innere und der äußere Zylinder des DMA. Diese werden von partikelfreier Schleierluft durchströmt. Dazu wird der Aerosolprobenstrom zugeführt, der üblicherweise deutlich kleiner ist als die Schleierluft. Die angelegte Hochspannung ist senkrecht zur Gasbewegungsrichtung, so dass Partikeln abhängig von ihrer elektrischen Mobilität abgelenkt werden können [GRIMM06]. Bei einer bestimmten Hochspannung können nur bestimmte Partikeln den Schlitz in der inneren Elektrode erreichen und zum CPC gelangen. Der Aufbau ist schematisch im Bild 3.2 dargestellt.

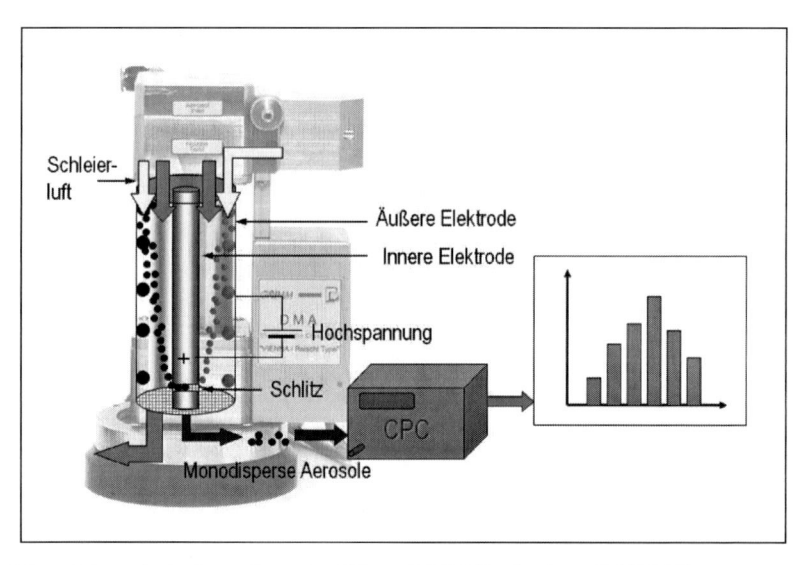

Abb. 3.2: Schematische Darstellung des Differential Mobility Analyzer [GRIMM12]

3.2.3 Condensation Particle Counter (CPC)

Durch den „Condensation Particle Counter" (CPC), auch Kondensationskernzähler genannt, ist es möglich optisch nicht nachweisbare Partikeln zu vergrößern, so dass diese optisch detektierbar werden. Das Messverfahren basiert auf der Aufkondensation der zu messenden Partikeln. Diese gelangen zuerst in den so genannten Saturator, der eine konstante Temperatur von 35 °C aufweist. Dort wird Butanol erwärmt und verdampft. Anschließend gelangen der Alkoholdampf und die Partikeln in den Kondensator, in dem die Temperatur auf 10 °C abgekühlt wird. Dadurch kondensiert das Butanol auf den Partikeln und vergrößert diese auf ca. 10 µm, so dass diese in der nachfolgenden Messzelle optisch erfasst werden können.

Des Weiteren kann der CPC alleine verwendet werden. Die Messzeit beträgt eine Sekunde, wobei keine Aussage über die Partikelgröße der gemessenen Teilchen gemacht werden kann, da nur die Partikelanzahl gezählt wird. Der Messbereich liegt in diesem Fall bei 5 nm bis 10 µm. Die maximale zu messende Partikelanzahlkonzentration beträgt 10^7 Partikeln pro cm³. Die Probenluft wird mit einem Volumenstrom von 0,3 L min^{-1} angesaugt [DIN18439, GRIMM06].

3.2.4 Messsystematik des SMPS

Das SMPS - System erfasst die Partikeln in einem Messbereich von 11,1 nm bis 1083 nm in 42 Kanälen und gibt die Partikelanzahlkonzentration pro Kanal an, wobei keine Aussage über die Zusammensetzung der Partikeln gemacht wird. Für einen Messzyklus, im Folgenden als „Scan" bezeichnet, benötigt das Messgerät ca. 7 Minuten. Der Scan beginnt beim Kanal mit dem größten Partikeldurchmesser und endet beim kleinsten Durchmesser. Durch die Dauer des Scans und den nicht stationären Zustand der Probenluft ist es möglich, dass nicht alle Partikeln erfasst werden können. Auf diesen Punkt wird bei der Auswertung der Messergebnisse genauer eingegangen.

3.3 Aerosolspektrometer

Das verwendete Aerosolspektrometer der Firma Grimm (Modell 1.108) ist in Bild 3.3 dargestellt und ermöglicht eine Einzelpartikelzählung im Messbereich vom 0,3 µm bis 20 µm in 15 Größenklassen. Zusätzlich kann der Auswertemodus auf den arbeitsmedizinischen Modus mit den Stufen inhalativ, thorakal und alveolengängig eingestellt werden. Für diese Berechnung liegt die DIN EN 481 zu Grunde [DIN481].

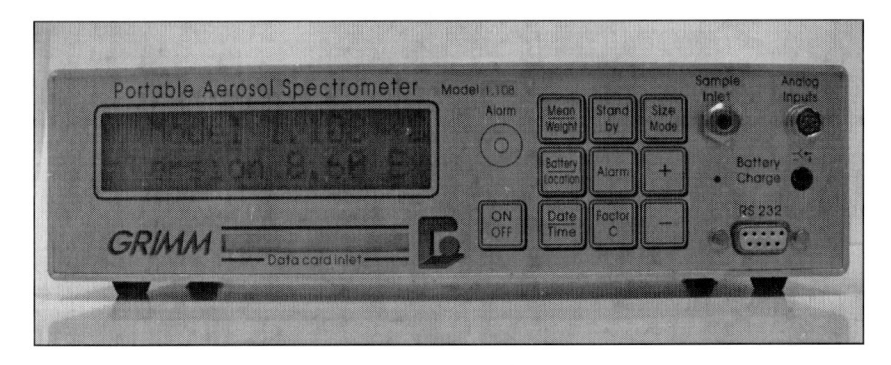

Abb. 3.3: Eingesetztes Aerosolspektrometer 1.108, Fa. Grimm

Das Messprinzip bei diesem Messgerät beruht auf der optischen Zählung von Partikeln und nutzt die Streuung des Lichtes. Aus der Intensität des gemessenen Streulichtes wird die Partikelgröße bestimmt, wobei die Lichtintensität durch die Partikelform und den Brechungsindex der Partikeln beeinflusst wird. Die Partikelanzahlkonzentration ergibt sich aus der Zählrate der Impulse bei einer bestimmten Intensität. Bei dem hier verwendeten Messgerät ist die Lichtquelle eine Laserdiode mit einer Wellenlänge von 780 nm [GRIMM05].

Es wird ein Volumenstrom von 1,2 L min^{-1} der Probenluft entnommen und durch die Laserkammer geleitet [GRIMM05]. Bild 3.4 zeigt schematisch das Messprinzip.

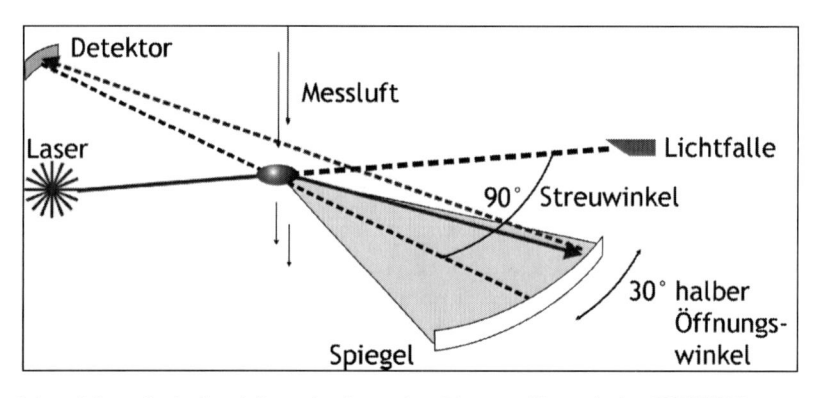

Abb. 3.4: Schematische Darstellung des Aerosolspektrometer Messprinzips [GRIMM12]

Triff das Licht auf die zu messende Partikel entsteht Streulicht. Die Empfängerdiode ist im 90° - Winkel zur Strahlachse angeordnet. Dem gegenüber befindet sich ein Spiegel, der zur Umlenkung des Streulichtes benötigt wird, in einem Öffnungswinkel von 60°. Das entstandene Streulicht gelangt über den Spiegel zur Empfängerdiode. Dort wird das Streulichtsignal gerätintern ausgewertet und in Größenklassen klassifiziert. Abhängig von dem eingestellten Auswertmodus des Messgerätes werden die Daten ausgegeben [GRIMM05, GAI12].

3.4 Wide Range Aerosolspectrometer (WRAS)

Werden die oben genannten Messgeräte SMPS und Aerosolspektrometer gleichzeitig eingesetzt, so ist dieses durch die Software „wide-range-aerosolspectrometer" möglich. Für diese Messungen wird ein anderer DMA Typ als bei der SMPS - Messung verwendet. Dessen Messbereich reicht von 5 nm bis 350 nm und ist in 22 Kanälen eingeteilt. Aus diesem Grund verkürzt sich der Messzyklus von 7 Minuten auf 3 Minuten und 50 Sekunden [GRIMM07]. Diese Kombination wird zur Bestimmung der Partikelanzahlkonzentrationen an Arbeitsplätzen verwendet, wenn sowohl Nanopartikeln als auch größere Partikeln gemessen werden sollen [WBDMSF12].

Die beiden Geräte messen unabhängig voneinander und nutzen eigene Probenentnahmestellen, die möglichst auf einer Höhe liegen sollen. Die Software startet die Messgeräte gleichzeitig und berücksichtigt bei der Bestimmung der Partikelanzahl die unterschiedlichen Volumenströme und Messzyklen der Geräte. Durch diese Kombination ist die Messung der Partikelanzahl und der Partikelgrößenklassen im Messbereich von 5 nm bis 20000 nm in 57 Größenklassen möglich [GRIMM07].

4 Freisetzung von Partikeln bei ausgewählten Tätigkeiten

4.1 Einführung in die Auswertung der Messergebnisse

In diesem Kapitel werden die durchgeführten Versuche, sowohl für den Umgang mit Haarsprays als auch das Mörsern von Tabletten, vorgestellt. Ziel ist es, eine Grundlage für die spätere Expositionsabschätzung der partikulären Belastung der Mitarbeiter zu legen. Diese wird anzahlbezogen erfolgen und nicht, wie in den meisten Expositionsmodellen, massebezogen. Die Darstellung der Messergebnisse ist einheitlich, zuerst die Partikelanzahlkonzentration in Größenklassen, dann die Gesamtanzahlkonzentration, um die gesamte Versuche vorzustellen. Des Weiteren werden die Median- und Modalwerte berechnet, um so eine weitere Grundlage für die Abschätzung zu erhalten.

Da der Durchmesser der Partikeln im nanoskaligen Bereich der dominante Parameter ist, wird bei der Auswertung berechnet, unterhalb welcher Größe sich 50 % aller gemessenen Partikeln befinden. Dieser Wert wird als Medianwert bezeichnet und kann zum Vergleich der unterschiedlichen Versuche herangezogen werden.

Ein weiterer Parameter für diese Vergleiche ist der Modalwert. Dieser beschreibt das Maximum der Verteilungsdichtefunktion und somit den am häufigsten vorkommenden Partikeldurchmesser.

4.2 Messung der Freisetzung von Partikeln bei der Nutzung von Haarsprayprodukten

4.2.1 Grundlagen für die Erstellung des Versuchsaufbaus

Ziel ist es, die Einflussfaktoren auf die Partikelanzahlkonzentration und die Partikelgrößenverteilung bei der Nutzung von Haarspray zu bestimmen, um abschließend eine Aussage über die Höhe der Exposition der Mitarbeiter in Friseursalons machen zu können. Zuerst wird das Haarspray unter Laborbedingungen untersucht. Dazu wird das Haarspray in einem Modellraum, der unter dem Gebläse einer Sicherheitswerkbank steht, gemessen. Durch das Gebläse kann der Modellraum ausreichend belüftet werden, so dass bei der Freisetzung des Haarsprays die Partikelanzahlkonzentration bestimmt werden kann. Des Weiteren können Einflussfaktoren auf diese festgestellt werden.

Mit Hilfe des Modellraumes wird zum einen die Hypothese eines Anstiegs der Partikelanzahlkonzentration bei der Nutzung von Haarspray überprüft und zum anderen werden die Einflussfaktoren auf die Messergebnisse untersucht, wie z.B. die geometrische Ausrichtung des Raumes, die Messsondenlänge oder die Sprühzeit. Nach dem Abschluss und der Auswertung der Vorversuche im Modellraum werden unterschiedliche Haarspraysorten untersucht, um so den Einfluss der verschiedenen Sorten unter Anwendung eines vorher festgelegten Standardmessaufbaues festzustellen.

Nach dem Abschluss der Versuche werden die Ergebnisse zusammengefasst und ausgewertet. Auf der gewonnenen Basis werden dann die Versuche im Raum A, die

Größe entspricht in etwa einem kleinen Einpersonenfriseursalon, geplant und durchgeführt. Anschließend werden die Messergebnisse vom Modellraum auf einen Raum B, der einem größeren Friseursalon mit drei Arbeitsplätzen entspricht, geplant und durchgeführt. Bei dieser Planung wird berücksichtigt, dass in einem größeren Friseursalon mehrmals und an unterschiedlichen Stellen Haarspray benutzt wird. Das wird bei diesen Versuchen simuliert, um so die Hypothese der Haarsprayanreicherung zu untersuchen.

4.2.2 Grundlagen Haarspray

4.2.2.1 Zusammensetzung von Haarspray

Haarspray wird überwiegend auf die fertig gestalteten Frisuren aufgetragen, um diese zu stabilisieren und vor Wind, Sonne und Feuchtigkeit zu schützen. Haarsprays sind sowohl als Treibgasprodukt als auch als Pumpspray erhältlich. Im Jahr 2011 wurden ca. 119 Mio. Haarspraydosen in Deutschland hergestellt [IGA].

Diese setzen sich aus den Grundstoffen Filmbildner, Lösemittel und Treibmittel, sowie aus Wirkstoffen, wie z.B. Mischpolymerisat, zusammen. Als Treibmittel werden vor allem Propan, Butan, Isobutan und Dimethylether eingesetzt, die benötigt werden, um das Haarspray fein zu verteilen. Pumphaarsprays enthalten kein Treibmittel. Als Lösemittel wird hauptsächlich Ethanol verwendet. Um das Haar vor Feuchtigkeit zu schützen, werden Polymere als Filmbildner eingesetzt, die gleichzeitig auch die Auswaschbarkeit erleichtern [UMB04]. Die nachfolgende Tabelle 4.1 zeigt eine Übersicht über typische Bestandteile, die in Haarsprays enthalten sein können.

Tab. 4.1: Typische Bestandteile von Haarspray [UMB04]

Inhaltsstoffe (MP: Mischpolymerisat)	Anwendungsgebiete		Haarsprayart	
	normaler Halt	fettiges Haar	Haarlack	Pumpspray
	Massengehalt %			
MP aus N-Vinylpyrrolidon, Vinylacetat (100 %ig)	2,0 bis 3,0	-	-	4,0 bis 6,0
MP aus N - Octylacrylamid, Acrylaten, Butyl-Aminoethylmethacrylat	-	2,5 bis 3,5	4,5 bis 5,5	-
Aminoalkohol	-	0,2 bis 0,3	0,4 bis 0,6	-
Lösemittel / -gemische	19,8 bis 39,7	22,8 bis 39,7	33,8 bis 43,4	93,7 bis 95,8
Parfumöl	0,2 bis 0,3	0,2 bis 0,3	0,2 bis 0,3	-
Treibmittel	57,0 bis 78,0	56,2 bis 74,3	50,0 bis 61,6	-

4.2.2.2 Aufbau und Funktion eines Pumphaarspraydose

Pumphaarsprays bestehen zu über 90 % aus Lösemittel, in dem Mischpolymerisate als Filmbildner gelöst sind. Anders als bei dem im Anschluss beschriebenen Treibgashaarsprays erfolgt das Applizieren nicht durch den Druck im Haarspraybehälter, sondern durch ein Pumpzerstäuber - Dosierventil. Der schematische Aufbau ist im Bild 4.1 dargestellt.

1 Sprühkopf
2 Düse
3 Verschlusskolben
4 Verschlussfeder
5 Stempelschaft
6 Gehäuse
7 Pumpenfeder
8 Pumpenverschlusskugel
9 Steigrohr
10 Dosierkammer

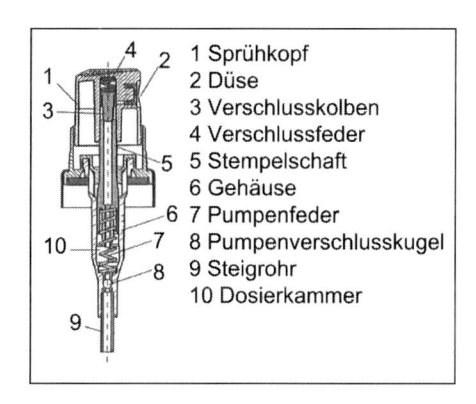

Abb. 4.1: Schematische Darstellung eines Pumpzerstäubers mit dessen Bestandteilen [BFF99]

Der Sprühkopf (1) drückt beim Betätigen auf den Stempelschaft (5) und übt somit Druck auf das in der Dosierkammer (10) befindliche Produkt aus. Wird ein bestimmter Druck erreicht, wird die Öffnung des Ventils zur Düse (2) durch den Verschlusskolben (3) freigegeben. Wird der Sprühkopf (1) weiter eingedrückt, kann der in der Dosierkammer (10) vorhandene Druck in den Vorratsbehälter entweichen. Mit dem Verschließen des Systems durch den Verschlusskolben (3) endet der Sprühstoß. Die Pumpenfeder (4) hebt den Sprühkopf (1) mit dem verbundenen Stempelschaft (5) wieder in die Ausgangsposition und erzeugt somit in der Dosierkammer (10) einen Unterdruck [BFF99].

4.2.2.3 Aufbau und Funktion eines Treibgas - Haarspraydose

Der Hauptbestandteil von Treibgashaarspray ist mit 50 % bis 78 % Treibmittel. Dieses liegt in flüssiger und gasförmiger Phase vor, so dass ein gleichbleibender Druck zum Ausstoßen des Haarsprays erhalten bleibt. Bei der Betätigung des Sprühkopfes drückt das gasförmige Treibmittel den Inhalt der Sprühdose durch das Ventil nach außen, wodurch feinste Tropfen entstehen. Kleine Tropfen zerplatzen zu vielen kleineren Tröpfchen und der Wirkstoff wird gleichmäßig und fein verteilt. Die Tröpfchengröße ist u.a. abhängig von dem Verhältnis zwischen Wirkstoff und Treibmittel, der Größe und der Form der

Ventilöffnung und der Sprühkopföffnung. Treibmittel verdampft in Bruchteilen von Sekunden. Da es für die Versuche von Bedeutung ist, wann das Treibmittel verdampft, wird exemplarisch die Verdampfungszeit t_v in s für das Treibgas Butan nach der folgenden Formel berechnet, die angegebenen Daten beziehen sich auf Butan:

$$t_v = \frac{R \cdot \rho_g \cdot d_p^2}{8 \cdot D_x \cdot M \frac{p_s}{T}} \qquad \text{[HIN99]} \qquad (4.1)$$

M = molare Masse, hier: 58,12 g mol^{-1}
ρ_g = Gasdichte, hier: 2,71 kg m^{-3}
D_x = Diffusionskoeffizent, hier: 6,94 10^{-10} m² s^{-1} für 100 nm
p_S = Sättigungsdampfdruck, hier: 208 kPa
T = Temperatur, hier: 293 K
R = universale Gaskonstante: 8,314510 J K^{-1} mol^{-1}

Aus dieser Berechnung ergibt sich eine theoretische Verdampfungszeit für Butan von t_v = 9,8·10^{-6} Sekunden bei einem Partikeldurchmesser von 100 nm. Das heißt, dass Treibmittel hat bei der späteren Auswertung der Versuche eine untergeordnete Bedeutung. Auch das Lösemittel verdampft nach kurzer Zeit. Die Literaturdaten für Ethanol besagen, dass es bei einer Tropfengröße bis zu 1 µm und einer Raumtemperatur von 20 °C innerhalb von 3·10^{-4} Sekunden verdampft. Tropfen mit einem Durchmesser von 100 nm sind bereits nach 9·10^{-6} Sekunden verdampft [HIN99].

Es liegt die Vermutung nahe, dass nur feste Bestandteile des Haarsprays während der Messung erfasst werden. Für diesen partikulären Anteil ist das verwendete SMPS - System ein geeignetes Messgerät.

Das nachfolgende Bild 4.2 zeigt eine teilweise geöffnete Treibgas - Haarspraydose mit Steigleitung, die das Haarspray nach oben befördert. Ganz oben befindet sich der Druckkopf mit Sprüheinsatz und darunter liegt das Ventil.

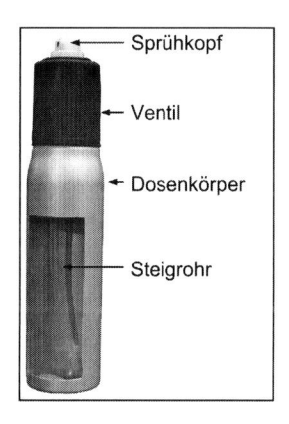

Abb. 4.2: Geöffnete Treibgas - Haarspraydose mit Bestandteilen

4.2.2.4 Erhebung von Daten zum Haarsprayverbrauch durch Friseure mittels eines Fragebogens

Um für die Versuche bessere Informationen über Haarsprays und deren Nutzung in Friseursalons zu bekommen, wurde ein Fragebogen erstellt. Es wurde u.a. nach folgenden Sachverhalten gefragt: welches Haarspray wird benutzt, welche Mengen werden verbraucht, wie groß ist der Raum und wie viele Mitarbeiter arbeiten im Salon. Es hat sich gezeigt, dass es schwierig ist diese Informationen zu erhalten. Der Rücklauf der Fragebögen war gering, teilweise wurden die Fragen gar nicht oder unvollständig beantwortet. Da insgesamt nur 36 Friseure die Fragebögen beantwortet haben, ist die folgende Auswertung begrenzt repräsentativ. Zuerst wurde der tägliche Haarsprayverbrauch pro Salon berechnet. Das ist im Bild 4.3 dargestellt, wobei die Abszisse die verbrauchte Haarspraymenge in ml pro Tag und Salon zeigt und die Ordinate die Friseursalonanzahl.

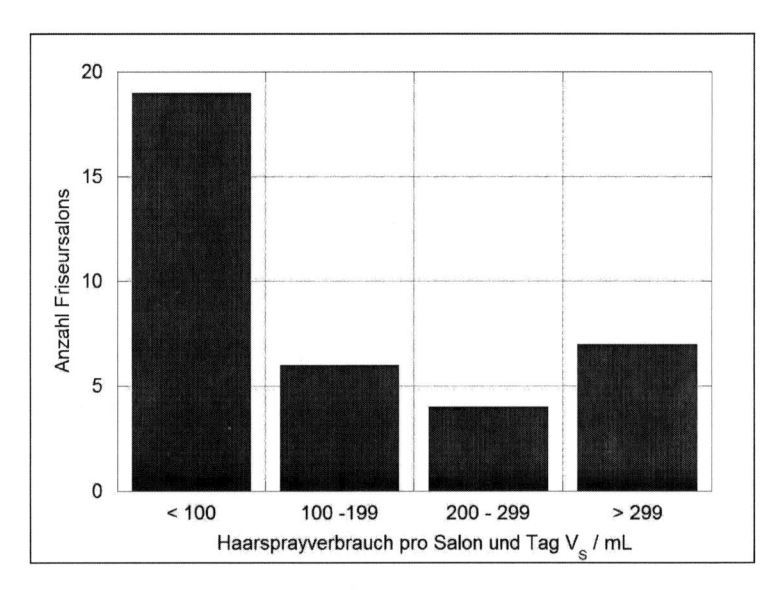

Abb. 4.3: Haarsprayverbrauch pro Tag und Salon

Der Verbrauch an Haarspray pro Salon variiert zwischen 8 mL und 400 mL pro Tag, der Mittelwert liegt bei 140 mL. Als nächstes wurde der Haarsprayverbrauch pro Mitarbeiter und Monat bestimmt. Für die Berechnung wurden 20 Arbeitstage pro Monat zugrunde gelegt. Die Ergebnisse sind im Bild 4.4 zu sehen. Auch hier ist die Ordinate die Anzahl der Friseursalons und die Abszisse der Haarsprayverbrauch pro Mitarbeiter und Monat in mL.

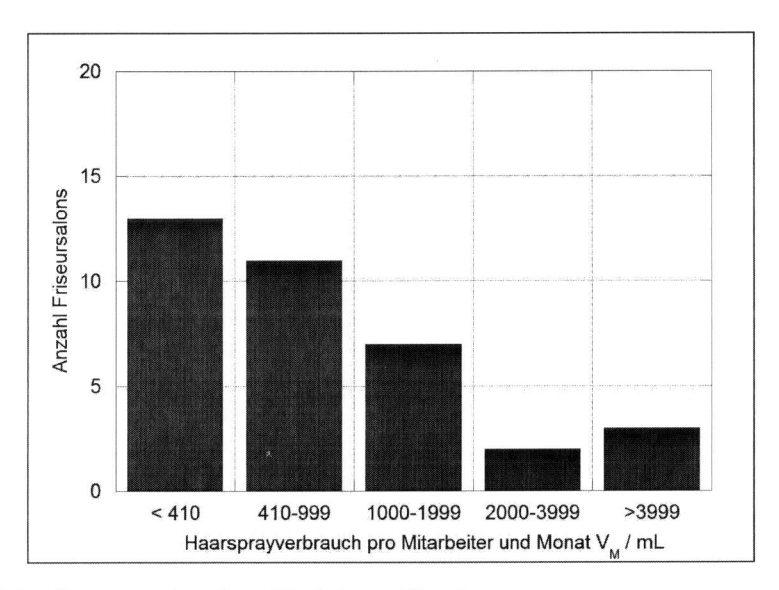

Abb. 4.4: Haarsprayverbrauch pro Mitarbeiter und Monat

Der Verbrauch von Haarspray pro Mitarbeiter und Monat variiert zwischen 60 mL und 4200 mL, der Mittelwert liegt hier bei 1130 mL. Die TRGS 530 [TRGS530] gibt den Durchschnittsverbrauch in Friseursalons mit 410 mL pro Monat und Mitarbeiter an. Dieser Wert wird deutlich überschritten. Werden die ersten und letzten Säulen miteinander verglichen, liegt fast ein Faktor 10 zwischen den Verbräuchen der Haarsprays. Dieses hat eine höhere Belastung der Mitarbeiter zur Folge. Die Mitarbeiterzahl in den befragten Salons wurde zwischen einer und zehn Personen und die Raumgröße zwischen 30 m² und 300 m² angegeben.

4.2.3 Vorversuche Modellraum

4.2.3.1 Versuchsaufbau und Versuchsdurchführung

In einem Modellraum wurde ermittelt, in wieweit nach dem Versprühen von Haarspray Nanopartikeln bzw. ultrafeine Partikeln nachweisbar sind. Der Raum hat ein Gesamtvolumen von 0,207 m³ und die Maße B 0,5 m x H 0,9 m x T 0,46 m und wurde so gewählt, dass das Volumen in etwa dem Luftvolumen entspricht, das bei der Benutzung von Haarspray zwischen Friseur und dem Kunden gegeben ist. Die Vorversuche wurden mit dem Drogeriehaarspray Balea Hairstyling durchgeführt.

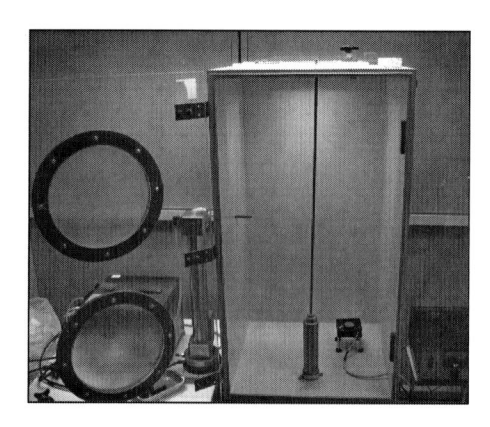

Abb. 4.5: Messaufbau Modellraum

Der Modellraum hat an der Front eine verschließbare Tür. Die Probenentnahmestelle befindet sich auf halber Höhe (0,46 m, siehe Bild) des Modellraumes. In der rückwärtigen Ecke ist ein Ventilator angebracht, im vorderen Drittel eine Halterung, in der die Haarspraydosen fixiert werden können. Im Deckel des Modellraums befindet sich ein auf die Haarspraydose ausgerichteter Stab, mit dem der Sprühvorgang von außen ausgelöst werden kann. Zur Belüftung stand der Modellraum in einer Sicherheitswerkbank. Diese wurde während der Versuche abgeschaltet. Die Messungen wurden alle mit dem Scanning Mobility Particle Sizer (SMPS) Modell 5403 der Firma Grimm, welches in Kapitel 3 vorgestellt wurde, durchgeführt. Es wurden Faktoren wie z.B. Umgebungsbedingungen, Versuchsaufbau und Sprühverhalten betrachtet, um deren Einfluss auf die Ergebnisse der Partikelanzahlkonzentration zu untersuchen. Es haben sich die folgenden Parameter für die Versuche ergeben:

- Versuchsaufbau:
  Geometrische Ausrichtung des Modellraumes (hochkant / quer)
  Messsondenlänge (10 cm / 26 cm), Ventilator (in Betrieb oder abgeschaltet)
- Sprühverhalten:
  Sprühdauer, Zeitlicher Abstand zwischen Sprühen und Messbeginn
  o Haarspraysorte wie z.B. Balea, High Hair oder Performance
  o Umgebungsbedingungen: Temperatur, Feuchte

Für die Untersuchung der oben genannten Parameter wurde die nachfolgend beschriebene Versuchsdurchführung gewählt und die zu untersuchenden Parameter variiert. Es wurde 3 Sekunden Haarspray versprüht und anschließend 15 Sekunden gewartet. Der Start der Messung konnte nicht mit dem Sprühende erfolgen, da das Haarspray den Impaktor des Gerätes zusetzte und somit keine Messung mehr möglich war. Während dieser Wartezeit lief der Ventilator, auf dessen Wirkung später noch genauer eingegangen wird. Zwischen den einzelnen Versuchen wurde der Modellraum mit Hilfe des Gebläses der Sicherheitswerkbank belüftet. Zusätzlich wurden die Wände und der Ventilator mit einem feuchten Tuch gereinigt. Die eigentliche Messung wurde erst begonnen, wenn die Anzahlkonzentration im Modellraum auf unter 150 Partikeln pro cm³ gesunken war. Vor den Versuchen wurden die Feuchte und die Temperatur innerhalb und außerhalb des Modellraumes bestimmt.

Es hat sich gezeigt, dass weder die geometrische Lage, hochkant bzw. quer, noch die Messsondenlänge auf die Partikelanzahlkonzentration eine Auswirkung haben, was in verschiedenen Versuchen ermittelt wurde. Bei der Auswertung der Messergebnisse variieren die gemessenen Gesamtanzahlkonzentrationen der Versuche maximal um 15 %, bei den meisten sind diese deutlich geringer. Das ist u.a. auf den manuell ausgelösten Sprühvorgang zurückzuführen. Auch die Temperatur und die Feuchte innerhalb bzw. außerhalb des Modellraumes haben keinen Einfluss auf die Messergebnisse.

Beeinflusst werden die Messergebnisse durch die verbrauchte Menge des Haarsprays, die Nutzung oder Nichtnutzung des Ventilators, die Startzeit des Messgerätes und die Haarspraysorte. Hierzu folgen in den nachfolgenden Abschnitten genauere Erläuterungen.

4.2.3.2 Messdatenauswertung

4.2.3.2.1 Allgemeiner Aufbau der Darstellung der Messergebnisse

Zuerst wird tabellarisch die Gesamtanzahlkonzentration c_N pro cm³ über alle Größenklassen pro Scan für die Versuche aufgeführt. Danach sind die Grafiken für die Partikelanzahlkonzentration dargestellt und wie folgt gegliedert: die Abszisse ist im logarithmischen Maßstab und stellt die Partikelgröße x in nm dar. Die Ordinate zeigt die Anzahlkonzentration der Partikeln (dN/dlnx) pro cm³. Diese Angabe beschreibt die mit der Partikelgröße und Intervallbreite normierte Partikelanzahlkonzentration in einer Größenklasse. Der Scharparameter zeigt die Scannummer und Summe der Gesamtanzahlkonzentration dN pro cm³. In der Legende ist die Messzeit in Minuten, die Sprühzeit in Sekunden und die versprühte Haarspraymenge in Gramm angegeben.

4.2.3.2.2 Vorversuche

Die Sprühdauer von 1,5 Sekunden und 3 Sekunden wurden im Modellraum untersucht. Die folgende Tabelle 4.2 zeigt die Gesamtanzahlkonzentration c_N / cm⁻³ pro Scan.

Tab. 4.2: Gesamtanzahlkonzentration c_N

Scan Nr.	Zeit t / min	Gesamtanzahlkonzentration c_N / cm⁻³		Verhältnis 3s zu 1,5 s sprühen
		3 s sprühen	1,5 s sprühen	
1	07	113933	62994	1,81
2	14	80927	48523	1,67
3	21	65167	39767	1,64
4	28	55434	33826	1,64
5	35	48222	29868	1,61
6	42	42645	26414	1,61
7	49	37684	23841	1,58
8	56	34114	21464	1,59
9	63	31130	19711	1,58
10	70	28062	17765	1,58
11	77	25195	16304	1,55
12	84	22933	15004	1,53
13	91	21164	13757	1,54
14	98	19544	12742	1,53
15	105	17863	11537	1,55
16	112	16471	9780	1,68

Die Gesamtanzahlkonzentration des Haarsprays hängt von der Sprühzeit und somit von der versprühten Menge ab. Eine doppelt so lange Sprühzeit, hier 1,5 Sekunden und 3 Sekunden, ergibt eine fast doppelt so große Anzahlkonzentration. Der genaue Faktor, der zwischen den gemessenen Konzentrationen liegt, bewegt sich in einer Bandbreite von 1,5 bis 1,8 und sinkt von Scan zu Scan. Das ist u.a. durch die Agglomeration und der Ablagerung an den Oberflächen, abhängig von der Größe und der Konzentration der Partikeln, zu erklären.

Des Weiteren wurde der Einfluss des Ventilators auf die Partikelanzahlkonzentration untersucht. Bei diesem Versuch wurde während der Wartezeit zwischen Sprühen und Starten des Messgerätes der Ventilator nicht eingeschaltet. Das folgende Bild 4.6 zeigt die Ergebnisse des Versuches.

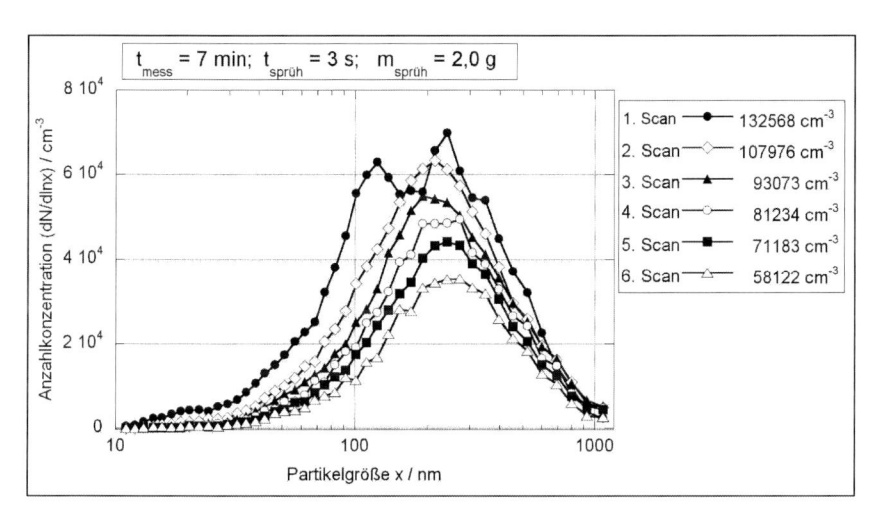

Abb. 4.6: Partikelanzahlkonzentration in Größenklassen mit Angabe der Gesamtpartikelanzahlkonzentration ohne Ventilator

Im Vergleich zu den nachfolgenden Kurven ist deutlich ein anderer Verlauf während des ersten Scans zu sehen. Eine mögliche Erklärung ist durch die Inhomogenität des Haarsprays im Modellraum gegeben. Während des zweiten Scans hat sich das Haarspray verteilt. Durch das Einschalten des Ventilators vor Beginn der Messung wird das Haarspray gleich nach dem Sprühen homogen verteilt. Dies ist im Bild 4.7 verdeutlicht.

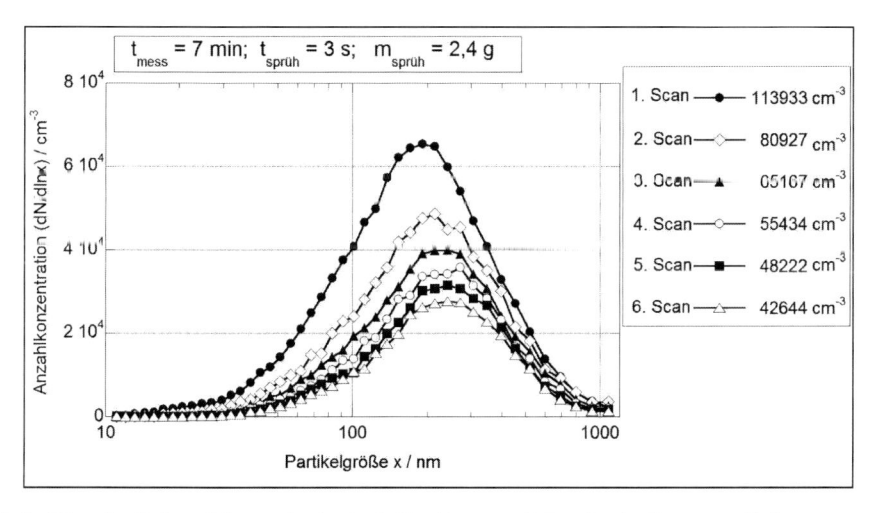

Abb. 4.7: Partikelanzahlkonzentration in Größenklassen mit Angabe der Gesamtpartikelanzahlkonzentration mit Ventilator

4.2.4 Versuche Modellraum

4.2.4.1 Versuchsaufbau und Versuchsdurchführung

Bei weiteren Versuchen wurden unterschiedliche Haarspraysorten untersucht. Die 11 Haarspraysorten wurden nach den folgenden Kategorien ausgesucht:

- Preisklasse
- Hersteller
- Haartyp, z.B. strapaziertes Haar
- Art, z.B. Haarlack bzw. Haarspray, Friseur- oder Drogeriehaarspray

Zusätzlich zu den Treibgashaarsprays wurde auch ein Pumpspray untersucht. Das nachfolgende Bild 4.8 zeigt eine Auswahl der untersuchten Haarspraysorten.

Abb. 4.8: Auswahl der untersuchten Haarspraysorten

Die genaue Bezeichnung der ausgewählten Sorten zeigt die Tabelle 4.3, unterteilt nach Drogerie- und Friseurhaarsprays. Es wurden Haarsprays aus beiden Bereichen gewählt, da diese auch in Friseursalons Anwendung finden. Generell unterscheiden sich alle Haarsprays in den verwendeten Bestandteilen und den Rezepturen der Hersteller.

Tab. 4.3: Verwendete Drogerie- und Friseurhaarsprays

Name	Hersteller	Bezeichnung	Menge
Friseurhaarspray			
Alcina Balance Kosmetik	Dr. Kurt Wolff	Schützendes Haarspray natürlicher Halt B Basis – Styling für jeden Haartyp	200 ml
Goldwell Sprühgold classic	KPSS Kao Professional Salon Services GmbH	Haarspray	300 ml
High Hair Pumpspray	Wella GmbH	Designer Spray extra strong control/ Haarlack ohne Treibgas	200 ml
High Hair	Wella GmbH	Haarlack extra strong control	300 ml
Slalom Constructor	Kadus	Ultra strong	300 ml
Performance	Wella GmbH	Haarspray	500 ml
Drogeriehaarspray			
Balea Hairstyling	dm Handelsmarke	Haarspray Colorglanz mit UV-Schutz/ Stark 3	250 ml
Gard professional Styling	Colgate – Palmolive	Haarspray/ extra stark/ lebendiges Haar/ dauerhafter Halt mit Bambusextrakten	250 ml
Gliss Kur Repairing Styling	Schwarzkopf	Gesundes Haargefühl/ starker Halt 2/ trockenes strapaziertes Haar/ ohne Verkleben/ bis 24h Halt	250 ml
Elnett de Luxe	L'Oréal Paris	Spielend leichtes Ausbürsten/ coloriertes getöntes Haar/ mit UV-Filter	300 ml
Wellaflex Men Haarspray	L'Oréal Paris	Ultra starker Halt/ zuverlässiger Halt für jedes Styling	250 ml

Auf der Basis der Vorversuche wurden sowohl der folgende Versuchsaufbau als auch die Versuchsdurchführung festgelegt:

Der Modellraum stand hochkant geöffnet unter der Sicherheitswerkbank, um vor jeder Messung eine ausreichende Belüftung zu gewährleisten. Sobald die Anzahlkonzentration kleiner als 150 Partikeln pro cm^3 war, konnte mit der eigentlichen Messung begonnen werden.

Es wurde die kurze, 10 cm lange Messsonde verwendet. Die Haarsprayflasche wurde in die Halterung mit der Sprühöffnung in Richtung der hinteren Wand gestellt. Die Türen blieben während des Versuches geschlossen. Bei allen Versuchen betrug die Sprühdauer 3 Sekunden und das Messgerät wurde nach 17 Sekunden eingeschaltet. Während dieser Zeit lief der Kammerventilator. Die Anzahlkonzentrationen der Partikeln wurden zu den folgenden Zeitpunkten bestimmt: Messbeginn, 7 min, 14 min, 21 min, 49 min und 105 min. In den Tabellen und Grafiken ist jeweils die Zeit zum Ende eines Messzyklus angegeben. Der direkt nach dem Sprühen gestartete Zyklus endet in der siebten Minute.

Zwischen den einzelnen Versuchen wurden der Modellraum und der Ventilator mit einem feuchten Tuch gereinigt, bei Bedarf auch das Messgerät. Um den Anfangswiderstand von neuen Dosen zu überwinden und dieses nicht als zusätzlichen Unsicherheitsfaktor in die Versuche einfließen zu lassen, wurde bei allen Versuchen zuerst 5 Sekunden lang Haarspray in die Umgebungsluft außerhalb des Labors versprüht. Die Dose wurde vor und nach jedem Sprühen gewogen.

4.2.4.2 Messdatenauswertung

4.2.4.2.1 Gesamtanzahlkonzentration

Die nachfolgende Tabelle 4.4 zeigt eine Übersicht der Gesamtpartikelanzahlkonzentration pro cm³ je Scan und die verbrauchte Menge der verwendeten Haarsprays. Das Pumphaarspray ist mit einem „P" gekennzeichnet. Die Auswertung der Haarsprays bezieht sich auf die Anzahlkonzentration nach einer Sprühzeit von drei Sekunden.

Tab. 4.4: Gesamtpartikelanzahlkonzentration c_N pro Scan der 11 Haarsprays

Zeit t / min	Gesamtanzahlkonzentration c_N / cm^{-3}					
Friseur-haarspray	Alcina	Goldwell	High Hair	High Hair (P)	Kadus	Performance
7	156297	201054	127241	4041	258246	201105
14	106804	130312	96899	3176	190009	134776
21	86896	100319	81861	2508	156841	107335
28	75034	82858	71656	2193	133027	89990
56	48356	43924	46471	1353	77361	48716
112	23368	19124	21651	889	41347	abgebrochen
*	2,3	1,9	2,4	0,8	2,3	2,1
Drogerie-haarspray	Balea	Gard	Gliss Kur	Elnett de Luxe	Wellaflex	
7	88434	170376	246480	167910	35390	
14	58621	113548	169137	113392	25978	
21	45127	86514	135751	86300	21725	
28	37687	70049	112298	67946	18723	
56	22050	37009	67429	34479	12905	
112	11132	13238	11889	11105	5515	
*	2,2	2	2	3	1,7	

* verbrauchte Haarspraymenge, angegeben als Masse in Gramm

Bei dieser Tabelle fällt auf, dass die Werte der Gesamtanzahlkonzentration und die verbrauchte Menge des Pumphaarsprays High Hair deutlich niedriger sind als die der Treibgashaarsprays. Bei der Anzahlkonzentration liegt das Pumphaarspray um einen Faktor 8 bis 9 niedriger als das Treibgashaarspray Wellaflex mit der geringsten Konzentration. Bei der verbrauchten Menge ist das Pumpspray um den Faktor 2 geringer. Die Partikelgrößenverteilung des Pumphaarsprays erstreckt sich über die gesamte Breite von 10 nm bis 1000 nm, die entstandenen Partikeln sind nicht so fein verteilt, wie bei den

Treibgashaarsprays, die im Folgenden betrachtet werden. Die verbrauchte Menge dieser liegt zwischen 1,7 g und 2,4 g.

Diese freigesetzten Haarspraymengen decken sich mit Messwerten, die in der Literatur veröffentlicht sind. Für das Pumpspray liegen diese bei 0,151 g pro Sekunde. Dieses entspricht einer Menge von 0,453 g nach 3 Sekunden. Die Literaturwerte für die Treibgashaarsprays, berechnet für 3 Sekunden, liegen zwischen 1,4 g und 2,3 g [KNLK05].

Die niedrigsten Messwerte erreicht das Haarspray Wellaflex mit 35390 Partikeln pro cm^3. Die höchste Konzentration hat das Haarspray Kadus mit 258246 Partikeln pro cm^3, eine Differenz um den Faktor 7,4. Wird die Partikelanzahlkonzentration auf die versprühte Haarspraymenge normiert, ergibt sich eine Spanne von 20818 pro cm^3 und Gramm und 123240 pro cm^3 und Gramm. Vermutlich entstehen diese Unterschiede durch die unterschiedlichen Zusammensetzungen der einzelnen Haarsprays, das ungleiche Sprühen und Einflüsse der Haarspraydosen wie z.B. Düsengeometrie.

Das folgende Bild 4.9 zeigt exemplarisch für alle Messungen den Kurvenverlauf der Anzahlkonzentration des Haarsprays High Hair, wobei die Messergebnisse zur besseren Übersicht nur für die Zeiten nach 7 min, 14 min, 21 min, 28 min, 56 min und 112 min dargestellt sind.

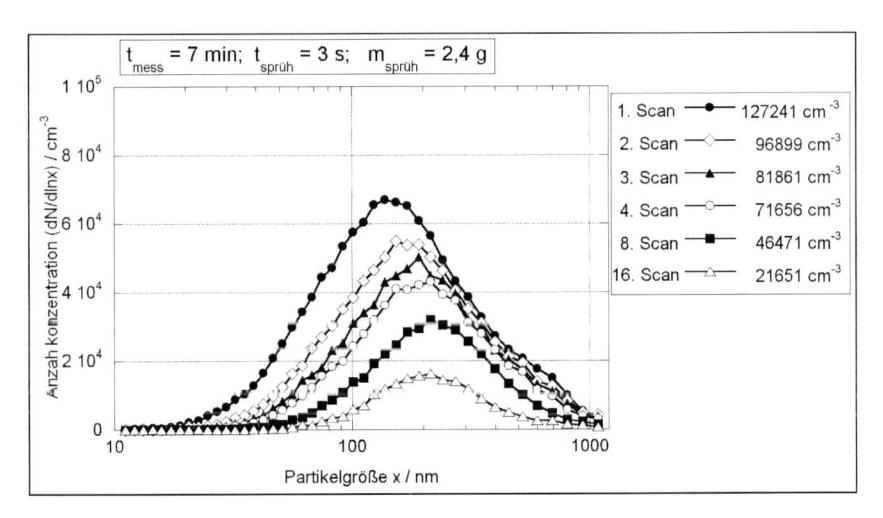

Abb. 4.9: Partikelanzahlkonzentration in Größenklassen mit Angabe der Gesamtpartikelanzahlkonzentration von High Hair Haarlack Wella

Die Kurvenverläufe der anderen Messergebnisse stellen sich vergleichbar dar. Der Hauptunterschied ist die maximale Konzentrationshöhe. Der Kurvenverlauf des ersten Scans ist bei allen Haarsprays der mit der höchsten Anzahlkonzentration mit einer Partikelgröße zwischen 100 nm und 200 nm. Die Messwerte der nachfolgenden Scans fallen kontinuierlich und die Maxima verschieben sich in Richtung größerer Partikeldurchmesser. In dieser Darstellung nicht zu sehen ist, dass sich die Kurvenverläufe zwischen dem 8. Scan und dem 16. Scan nur in den Konzentrationshöhen ändern. Innerhalb der Messzeit von 112 Minuten verschiebt sich das Maximum bei dem Haarlack High Hair hin zu einer Partikelgröße von 138 nm bis 214 nm.

Die Veränderung der Kurven kann u.a. durch Sedimentation, Verdünnung durch die Absaugung des Messgerätes, Koagulation oder Partikelablagerung an den Oberflächen erklärt werden und wird im Folgenden für dieses Beispiel genauer erläutert.

Sedimentation

Zuerst wird die Sedimentation genauer betrachtet. Dafür wird für unterschiedliche Partikeldurchmesser des Haarsprays High Hair die Sinkgeschwindigkeit im Modellraum berechnet. Dafür sind einige Annahmen notwendig.

Erste Annahme: Die Partikel - Reynoldszahl ist $Re_p < 1$, so dass die Sinkgeschwindigkeit nach Stokes berechnet werden kann. Diese Voraussetzung wird nach der Berechnung der Sinkgeschwindigkeit rechnerisch überprüft [SCH01].

Zweite Annahme: Für die Berechnung der Sinkgeschwindigkeit wird die Partikeldichte benötigt. Nach dem Versprühen des Haarsprays verflüchtigen sich sowohl das Treibgas als auch das Lösemittel innerhalb von Bruchteilen von Sekunden, so dass die Dichte ohne die beiden genannten Bestandteile benötigt wird. Die folgende Tabelle zeigt eine Übersicht der Bestandteile von Haarspray und deren Dichte zur Bestimmung der Sinkgeschwindigkeit.

Tab. 4.5: Bestandteile von Haarspray mit der dazugehörenden Dichte ρ

Bestandteile	Dichte ρ / (kg m^{-3})
Polyvinylacetat (Filmbildner) [CR11]	1170
Vinylacetat (Filmbildner) [IFA11]	930
Vinylpyrrolidon [IFA11]	1040
Polyvinylpyrrolidon (Verdickungsmittel) [MS85]	1200

Die Sinkgeschwindigkeit $\omega^*_{s,st}$ in m s^{-1} wird, wie in Kapitel 2 ausführlich gezeigt, nach der folgenden Formel berechnet [SCH01, STI09]:

$$\omega^*_{s,st} = \omega_{s,st} \cdot [1 + \frac{\lambda}{x} \cdot [2{,}514 + 0{,}8^{-\frac{0{,}55 \cdot x}{\lambda}}]]$$ (4.2)

x = Partikeldurchmesser
λ = mittlere freie Weglänge, hier: λ = 0,06 µm

Zusätzlich wird die Zeit berechnet, die die Partikeln benötigen, um vom obersten Punkt des Modellraumes auf den Boden zu sinken.

$$t = \frac{h}{\omega^*_{s,st}}$$ (4.3)

h = Höhe des Modellraumes, hier: h = 0,9 m

Die Ergebnisse der Sinkgeschwindigkeit, abhängig von den unterschiedlichen Dichten und der Verweilzeit der Partikeln im Modellraum, sind in der nachfolgenden Tabelle 4.6 für die vier Partikeldurchmesser 50 nm, 100 nm, 200 nm, 400 nm und 800 nm aufgeführt.

Tab. 4.6: Berechnete Sinkgeschwindigkeiten

Partikel-durch-messer x / nm	Modell-raum-höhe h / m	Dichte ρ = 930 kg m^{-3}		Dichte ρ = 1040 kg m^{-3}		Dichte ρ = 1200 kg m^{-3}	
		Sinkge-schwindigkeit $\omega^*_{s,st}$ / m s^{-1}	Verweil-zeit t / h	Sinkge-schwindigkeit $\omega^*_{s,st}$ / m s^{-1}	Verweil-zeit t / h	Sinkge-schwindigkeit $\omega^*_{s,st}$ / m s^{-1}	Verweil-zeit t / h
50	0,9	2,53 10^{-7}	990	2,82 10^{-7}	885	3,26·10^{-7}	767
100	0,9	1,01 10^{-6}	247	1,13 10^{-6}	221	1,30·10^{-6}	192
200	0,9	4,04 10^{-6}	62	4,52 10^{-6}	55	5,22·10^{-6}	48
400	0,9	1,62 10^{-5}	15	1,81 10^{-6}	14	2,01 10^{-5}	12
800	0,9	6,47 10^{-5}	4	7,23 10^{-5}	3	8,35 10^{-5}	3

Die Partikel - Reynoldszahl Re$_p$ wurde für alle Sinkgeschwindigkeiten nach der folgenden Formel überprüft und liegt zwischen 9,45·10^{-10} und 4,67·10^{-6}. Sie ist somit deutlich kleiner als 1, wodurch die der Berechnung zu Grunde liegende Annahme bestätigt wird [SCH01].

$$Re_p = \frac{\omega^*_{s,st} \cdot x \cdot \rho_g}{\eta}$$ (4.4)

$\omega^*_{s,st}$ = Sinkgeschwindigkeit
x = Partikeldurchmesser
ρ_g = Gasdichte
η = dynamische Viskosität, hier: 1,8· 10^{-5} kg m^{-1} s^{-1}

Die berechneten Ergebnisse in Tabelle 4.6 zeigen, dass die Sedimentation für die

Änderung der Kurvenverläufe nicht verantwortlich ist. Es wird deutlich, dass, wenn nur Sedimentation vorläge, die kleinen Partikeln sehr lange im Modellraum verbleiben würden. Selbst die Partikeln mit einem Durchmesser von 800 nm verweilen dort bis zu 3 Stunden.

Verdünnung der Luft im Modellraum durch das Messgerät

Als nächstes wird die Verdünnung c_{verd} durch das Absaugen des Messgerätes ermittelt.

Gesamtvolumen Modellraum: $V = 0{,}207$ m³ $= 207$ L

Luftdurchsatz: $\dot{V} = 0{,}3$ L min⁻¹

$$c_{verd} = \frac{\dot{V} \cdot 100\%}{V} = \frac{0{,}3\frac{L}{min} \cdot 100\%}{207L} = 0{,}14\frac{\%}{min} \qquad (4.5)$$

Dies bedeutet bei einer Messdauer von einer Stunde sind 8,7 % des Luftvolumens in der Kammer ausgetauscht. Diese Berechnung zeigt, dass die Reduzierung der Partikelanzahlkonzentration nur bedingt durch das Absaugen der Luft durch das Messgerät verursacht worden ist.

Agglomeration

Für die weitere Auswertung des Haarsprays High Hair ist die Agglomeration von Bedeutung. Dieses lässt sich u.a. durch die in Kapitel 2 beschriebene Simulation belegen. Bei den Versuchen liegt zwar keine kontinuierliche Nanopartikelquelle, mit einer bestimmten Partikelgröße vor, aber der Versuchsraum ist gut durchmischt worden und es liegt die Vermutung der Agglomeration der Partikeln nahe. Die berechneten Ergebnisse der Simulation zeigen, dass die Kurven der Anzahlkonzentration und die Gesamtpartikelanzahlkonzentration kontinuierlich fallen [AMYSK12].

Aus diesem Grund ist die Koagulationsrate J, die in Kapitel 2 ausführlich beschrieben ist, zu bestimmen. Diese beschreibt die Rate, mit der Partikeln in einem Gemisch agglomerieren. Die Berechnung wird am Beispiel der Agglomeration der Partikeln mit einem Durchmesser von 101,1 nm des 1. Scans erklärt. Bei dieser Berechnung ist zu berücksichtigen, dass die genauen Diffusionskoeffizenten D für die von dem Messgerät verwendeten Durchmesser nicht bekannt sind. D wurde für diese Durchmesser einer Tabelle entnommen [HIN99]. Es wurden diejenigen ausgewählt, die den Messdaten am nächsten liegen, so wurde z.B. für 11,1 nm der Wert des Diffusionskoeffizienten von einer Partikel der Größe 10 nm verwendet. Die dargestellte Rechnung ist eine Näherung, so dass mit zwei Nachkommastellen gerechnet wurde.

Berechnung von K

$$K = \pi(x_1 \cdot D_1 + x_1 \cdot D_2 + x_2 \cdot D_1 + x_2 \cdot D_2) \tag{4.6}$$

$x_1 = x_1 = 101{,}1 \ 10^{-9}$ m
$D_1 = D_2 = 6{,}95 \ 10^{-10}$ m² s⁻¹

$$K = \pi \cdot 4 \cdot (101{,}1 \ 10^{-9} \text{m} \cdot 6{,}95 \ 10^{-10} \ \text{m}^2\text{s}^{-1}) = 0{,}87 \ 10^{-15} \ \text{m}^3\text{s}^{-1}$$

Berechnung von J

$$J = K(x_1; x_2) \cdot n_1 \cdot n_2 \tag{4.7}$$

$n_1 = n_2 = 58412 \ 10^5$ m⁻³
$K(x_1; x_1) = 0{,}87 \ 10^{-15}$ m³ s⁻¹

$$J = 0{,}87 \ 10^{-15} \ \text{m}^3\text{s}^{-1} \cdot 58412 \ 10^5 \text{m}^{-3} \cdot 58412 \ 10^5 \text{m}^{-3} = 29684{,}07 \ \text{m}^{-3}\text{s}^{-1}$$

Die nachfolgende Tabelle 4.7 zeigt die berechnete Koagulationsfunktion und die Koagulationsraten abhängig von den Partikeldurchmessern für die ersten vier Scans. Bei dieser Berechnung wird davon ausgegangen, dass jeweils nur diese eine Partikelgröße vorliegt und keine neuen Partikeln in dieser Größenklasse entstehen. Die erste Spalte zeigt die angenommenen Partikelgrößen, die miteinander agglomerieren.

Tab. 4.7: Berechnete Koagulationsfunktion K [HIN99] und die Koagulationsrate J [RW11] für die ersten vier Scans

Partikel-durchmesser x / nm	Koagulations-funktion K / (m³ s⁻¹)	Koagulationsrate J / (s⁻¹ m⁻³)			
		1. Scan	2. Scan	3. Scan	4. Scan
20,6 / 20,6	3,52 10⁻¹⁵	143,35	26,34	0,92	0,43
20,6 / 51,3	3,61 10⁻¹⁵	1720,13	367,29	45,24	22,02
20,6 / 101,1	5,54 10⁻¹⁵	6530,30	1877,83	283,85	152,25
20,6 / 307,4	14,20 10⁻¹⁵	14066,46	5483,87	928,99	623,51
51,3 / 307,4	2,81 10⁻¹⁵	32569,75	14756,05	8777,60	6107,02
51,3 / 397,4	3,55 10⁻¹⁵	30622,07	14238,91	8491,77	6036,98
51,3 / 599,5	5,06 10⁻¹⁵	30502,41	11878,15	7420,38	4637,81
101,1 / 101,1	0,87 10⁻¹⁵	29684,07	13359,22	8702,32	5333,17
101,1 / 153,4	0,82 10⁻¹⁵	34661,27	19287,22	12752,34	9110,08
101,1 / 191,3	0,86 10⁻¹⁵	34946,51	20770,63	15633,02	10264,17
101,1 / 307,4	1,03 10⁻¹⁵	29533,48	18019,83	13155,42	10087,99
153,4 / 191,3	0,63 10⁻¹⁵	31715,56	23306,97	17805,12	13627,24
153,4 / 307,4	0,67 10⁻¹⁵	23800,10	17954,87	13304,61	11892,81
307,4 / 307,4	0,46 10⁻¹⁵	11084,31	9169,02	7501,99	7198,24
307,4 / 397,4	0,45 10⁻¹⁵	8069,77	6851,13	5619,94	5509,97
307,4 / 599,5	0,49 10⁻¹⁵	6140,76	4366,12	3751,64	3233,74
307,4 / 1083,3	0,61 10⁻¹⁵	1136,96	1732,90	1397,50	1103,00
1083,3 / 1083,3	0,34 10⁻¹⁵	49,02	137,66	109,42	71,04

Wie schnell Nanopartikeln mit anderen Partikeln agglomerieren, hängt von der Größe der Partikeln selbst, der Partikelanzahl in der jeweiligen Größe und der Geschwindigkeit der Partikeln ab.

In der Tabelle ist zu sehen, dass Partikeln gleicher Größe – z.B. 20,6 nm und 20,6 nm – weniger stark agglomerieren, als Partikeln unterschiedlicher Größe z.B. 20,6 nm und 307,4 nm. Je größer der Abstand zwischen den Partikeln und der Unterschied zwischen den Anzahlkonzentrationen sind, desto größer wird die Koagulationsrate. Dies wird in der Literatur bestätigt [RW11, WIC02]. Bei den Versuchen mit Haarspray liegt die maximale Anzahlkonzentration bei einem Partikeldurchmesser um 100 nm, so dass der Wert der Koagulationsrate in diesem Bereich hoch ist, auch wenn gleich große Partikeln agglomerieren, z.B. 101,1 nm und 101,1 nm. Wird die Koagulationsrate von Scan zu Scan verglichen, ist zu erkennen, dass diese stetig abnimmt. Das bedeutet, dass die Gesamtanzahlkonzentration im Modellraum mit der Zeit abnimmt.

Anhaftung an Oberflächen

Als nächstes wird für das Haarspray High Hair die Partikelanzahlkonzentration N bestimmt, die durch Anhaftung an einer Fläche in einer bestimmten Zeit abgelagert wird. Die dafür benötigte Formel N(t) in m^{-2} ist in Kapitel 2 ausführlich hergeleitet.

$$N(t) = 2 \cdot n_a \cdot \left(\frac{Dt}{\pi}\right)^{\frac{1}{2}} \qquad \text{[HIN99]} \qquad (4.8)$$

t = Zeitintervall, hier die Scanzeit t = 6,87 min
n_a = Ausgangskonzentration
D = Diffusionskoeffizient

Der Diffusionskoeffizient D wurde für diejenigen Durchmesser einer Tabelle entnommen, die der Partikelgröße der Messungen am nächsten lagen [HIN99].

Die Tabelle 4.8 zeigt den speziellen Partikelverlust an den Wänden für elf ausgewählte Partikeldurchmesser und die ersten vier Scans. Dafür wurde N(t) mit der Oberfläche des Modellraumes (2,6 m²) multipliziert.

Tab. 4.8: **Spezieller Gesamtpartikelverlust für bestimmte Durchmesser an der Wandoberfläche des Modellraumes (2,6 m²)**

Durchmesser x / nm	spezieller Partikelverlust			
	1. Scan	2. Scan	3. Scan	4. Scan
11,1	0	0	0	0
20,6	1397136	598872	112159	76849
51,3	6810665	3392641	2231090	1584694
101,1	9003998	6040380	4875188	3816510
153,4	7932968	6580094	5390450	4919065
191,3	6078680	5385504	5022183	4212095
307,4	3185528	2807268	2620009	2567088
397,1	1940022	1818952	1649544	1651037
599,5	1054190	824110	782859	688878
801,4	520889	443114	396463	299993
1083,3	116297	194891	173757	140004

Der Partikelverlust ist abhängig von der Anzahlkonzentration der Partikeln in der jeweiligen Größenklasse. Bei dieser Messung wurden keine Partikeln bei einer Größe von 11,1 nm gemessen.

Diese Werte dienen als eine Abschätzung, wie groß der Partikelverlust an den Wänden voraussichtlich sein wird. Hierzu mussten einige Näherungen zur Berechnung getroffen werden, wie z.B. die Auswahl des Diffusionskoeffizenten.

Während des ersten Scans ist der Partikelverlust bei einer Partikelgröße um 100 nm am größten, bei 800 nm bzw. 1083 nm deutlich kleiner. Auch wird der Partikelverlust von Scan zu Scan geringer.

Diese berechneten Werte in Tabelle 4.8 zeigen, dass ein Partikelverlust an den Wänden erfolgt und erklären somit u.a. das Absinken der Anzahlkonzentration während der Versuche. Dieser Effekt ist auch dadurch festzustellen, da zwischen den einzelnen Messungen der Modellraum und der Ventilator mit einem feuchten Tuch gereinigt werden mussten.

Fazit der Berechnungen

Die durchgeführten Berechnungen zeigen, dass das Absinken der Anzahlkonzentration während der Messungen sowohl durch die Agglomeration der Partikeln untereinander als auch durch die Ablagerung dieser an den Wänden zu erklären ist. Die Verdünnung durch das Messgerät hat eine untergeordnete Bedeutung. Die Partikeln verweilen sehr lange im Modellraum, wie die Berechnungen zur Sedimentation gezeigt haben.

Die dargestellten Rechnungen können nur eine Näherung sein, da u.a. von nur zwei unterschiedlichen Partikelgrößen ausgegangen wird. Bei der eigentlichen Messung liegt aber ein Partikelkollektiv vor. Des Weiteren ist der exakte Diffusionskoeffizient zur Berechnung nicht bekannt, da die Werte einer Tabelle entnommen wurden. Es hat sich als nicht sinnvoll gezeigt, diesen zu berechnen, da auch hier zu viele Unbekannte angenommen werden müssten. Auch berücksichtigen die durchgeführten Rechnungen nur den gerade beschriebenen Prozess. Das bedeutet, dass z.B. bei der Berechnung des Partikelverlustes an den Wänden die gleichzeitige Agglomeration vernachlässigt wird.

4.2.4.2.2 Medianwerte

Die Medianwerte der 11 Haarsprays sind in der Tabelle 4.9 aufgeführt. Diese beschreiben die Partikelgröße, bei der 50 % der Partikeln kleiner oder gleich dieser sind. Zuerst ist die Zeit in Minuten nach dem Start des Messgerätes aufgeführt, dann die Bezeichnung des Haarsprays, sortiert nach Drogerie- und Friseurhaarsprays, mit den Medianwerten in nm. Auch hier ist die Zeit für das Ende eines Messzyklus angegeben.

Tab. 4.9: Medianwerte $x_{50,0}$ der 11 Haarsprays

Zeit t / min	Medianwerte $x_{50,0}$ / nm					
Friseur-haarspray	Alcina	Goldwell	High Hair	High Hair (P)	Kadus	Performance
7	228	142	150	78	169	190
14	251	167	176	82	198	217
21	263	184	190	89	215	234
28	269	197	199	87	224	243
56	286	211	217	124	245	250
112	282	222	212	122	251	-
Drogerie-haarspray	Balea	Gard	Gliss Kur	Elnett de Luxe	Wellaflex	
7	194	238	229	179	196	
14	221	263	261	210	201	
21	232	275	277	214	208	
28	241	281	285	229	216	
56	251	285	305	237	221	
112	255	279	283	223	237	

Die Medianwerte des High Hair (P) sind mit Abstand die niedrigsten Werte. Die Treibgashaarsprays liegen nahe beieinander. Die Anfangswerte liegen zwischen 140 nm und 240 nm. Die Werte steigen während der ersten 30 Minuten an, um dann in etwa konstant zu bleiben. Zum Messende liegen die Partikelgrößen zwischen 200 nm und 290 nm. Die niedrigsten Werte haben die Haarsprays Goldwell und High Hair, die höchsten Werte die Haarsprays Gliss Kur, Alcina und Gard.

4.2.4.2.3 Modalwerte

Die Modalwerte beschreiben das Maximum der Verteilungsdichtefunktion und so die am häufigsten vorkommenden Partikelgrößen. Diese sind von den 11 Haarsprays in der nachfolgenden Tabelle 4.10 aufgeführt. Auch hier sind zuerst die Zeit in Minuten nach dem Start des Messgerätes und dann die Haarspraysorten mit den zugehörigen Modalwerten in nm dargestellt.

Tab. 4.10: Modalwerte x_{mod} der 11 Haarsprays

Zeit t / min	Modalwerte x_{mod}/ nm					
Friseur-haarspray	Alcina	Goldwell	High Hair	High Hair (P)	Kadus	Performance
7	153	36	75	11	124	112
14	171	51	112	11	138	153
21	171	68	138	11	138	191
28	214	62	153	12	153	191
56	191	138	171	11	191	171
112	272	153	171	17	214	-
Drogerie-haarspray	Balea	Gard	Gliss Kur	Elnett de Luxe	Wellaflex	
7	124	171	153	124	12	
14	143	171	191	138	39	
21	153	191	171	138	51	
28	191	171	191	153	51	
56	191	191	214	171	56	
112	191	272	241	171	214	

Die Modalwerte liegen weiter auseinander als die Medianwerte. Die Anfangswerte liegen zwischen 10 nm und 170 nm, die Werte zum Ende der Messung zwischen 150 nm und 275 nm. Die Haarsprays lassen sich nicht in prägnanten Gruppen zusammenfassen. Das High Hair (P) hat sehr niedrige Werte zwischen 10 nm und 17 nm.

4.2.4.3 Fazit der Messungen im Modellraum

Abschließend können folgende Feststellungen über die Versuche im Modellraum festgehalten werden. Bei der Auswertung der folgenden Versuchsparameter war die Abweichung zwischen den gemessenen Anzahlkonzentrationen kleiner als 15 %. Bei den Versuchen lag innerhalb und außerhalb der Kammer die Temperatur zwischen 22,4°C und 26,7°C sowie die Feuchte zwischen 40 % und 55 %. Untersucht wurden ebenfalls die Messsondenlänge und die Lage der Kammer. Die Abweichung der Messergebnisse bei den verschiedenen Versuchen ist durch das unterschiedliche Sprühen zu erklären und wird durch die versprühte Haarspraymenge bestätigt, d.h. die oben genannten Parameter haben keinen Einfluss auf die Messergebnisse. Die Anzahlkonzentration ist abhängig von der versprühten Haarspraymenge, dem zeitlichen Abstand zwischen Sprühende und dem Messbeginn sowie der Haarspraysorte. Eine Zuordnung besonders hoher oder niedriger Konzentrationen bzgl. Friseur- oder Drogeriehaarspray ist nicht möglich. Auch scheinen Preis und Haarspraytyp wie z.B. Haarlack keine Korrelation zu der Anzahlkonzentration zu haben. Dieses wird durch die Median- und Modalwerte bestätigt. Durch den vor Messbeginn eingeschalteten Ventilator im Modellraum wird eine homogene Verteilung des Haarsprays erreicht. Die Veränderung der Messkurven während einer Messung ist durch die Brown'sche Diffusion und somit die Ablagerung von Partikeln an den Wänden des Modellraumes zu erklären. Des Weiteren ist die Agglomeration der Partikeln untereinander ein Grund dafür, dass sich das Maximum der Kurven zu einem größeren Partikeldurchmesser verschiebt und die Anzahlkonzentration sinkt. Die Agglomeration wird durch die Brown'sche Bewegung beeinflusst. Durch den Modellraum ist es möglich, sowohl die Größe von nanoskaligen Partikeln als auch einen Anhaltspunkt für die Gesamtanzahlkonzentration bei der Verwendung von Haarspray zu geben. Die Größe des Modellraumes entspricht ungefähr dem Luftvolumen zwischen Friseur und dem Kunden. Es wird dabei nicht berücksichtigt, dass in einem Friseursalon eine Hintergrundkonzentration vorhanden ist. Diese wird die Messergebnisse und den Kurvenverlauf beeinflussen. Auch muss berücksichtigt werden, dass der Zustand des versprühten Haarsprays nicht stationär ist und sich in kurzer Zeit verändert. Das Messgerät benötigt 7 Minuten für einen Scan und kann somit nicht die zeitlich schnellen Veränderungen darstellen. Es liegt die Vermutung nahe, dass die Anfangskonzentration höher wäre, wenn die Messung früher beginnen würde. Dieses ist allerdings aufgrund der Messtechnik nicht möglich. Die Ergebnisse zeigen deutlich einen Zusammenhang zwischen Sprühdauer und der gemessenen Anzahlkonzentration.

4.2.5 Versuche Raum A

4.2.5.1 Versuchsaufbau und Versuchsdurchführung

In einem nächsten Schritt werden die bisherigen Ergebnisse aus dem Modellraum auf einen größeren Raum A übertragen.

Als erstes musste überprüft werden, inwieweit die Haltbarkeit des früher benutzten Haarsprays gewährleistet ist. Bei früheren Versuchen wurde festgestellt, dass die gleichen Haarspraysorten aus unterschiedlichen Dosen die gleiche Masse haben. Die Abweichung ist kleiner als 0,5 %. Um die Verwendbarkeit festzustellen, wurden die Haarspraydosen vor den Versuchen im Modellraum gewogen, dann 3 Sekunden Haarspray versprüht und wieder gewogen. Es hat sich gezeigt, dass die versprühte Menge zwischen 0,5 g und 1 g geringer war als zuvor. Das bedeutet, dass die Verwendung der ursprünglich benutzten Haarsprays aufgrund des verflüchtigten Treibmittels für die Versuche nicht mehr möglich war. Bei den neu beschafften Haarsprays ist nicht gewährleistet, dass die Inhaltsstoffe bzw. Formeln identisch mit den früher benutzten sind.

Die Versuche wurden in einem Raum A mit der Fläche von 19 m², einer Höhe von 2,2 m und einem Gesamtvolumen von 41,8 m³ durchgeführt. Diese Raumgröße entspricht ungefähr einem kleinen Einpersonenfriseursalon ohne Nebenräume. An der schmaleren Seite, dem Fenster gegenüber, befindet sich eine Tür. Beide waren während der Versuche geschlossen. Außer einer Liege, einem Stuhl und einem Tisch, auf welchem das Messgerät SMPS - System stand, war der Raum leer. Der Tisch mit der Höhe 0,75 m stand bei den meisten Versuchen an der linken Wandseite im Abstand von 3 m von der Tür und ist im Bild 4.10, welches den Raum zeigt, als M 1 bezeichnet.

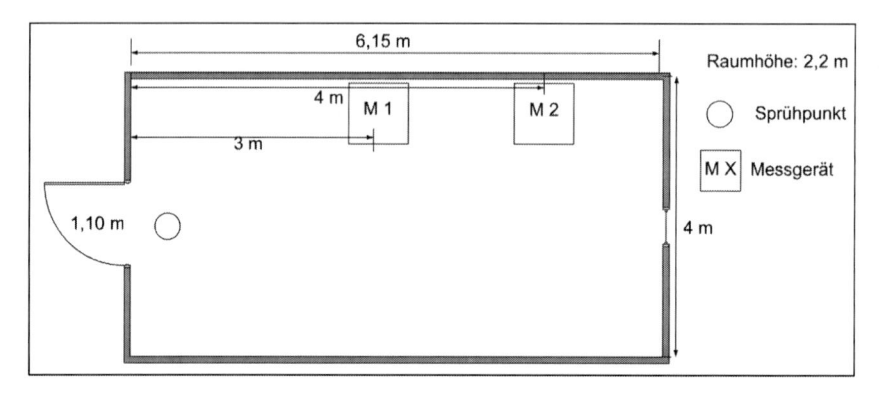

Abb. 4.10: Schematische Darstellung des Raums A

Zuerst wurde eine Nullmessung mit dem SMPS - System im Raum durchgeführt. Frühere Messungen haben gezeigt, dass die Hintergrundkonzentration als Gesamtanzahlkonzentration ca. 10000 Partikeln pro cm^3 betrug. Lagen die Messergebnisse unter diesen Werten, konnte mit der Haarspraymessung begonnen werden. Es wurde insgesamt 3 mal 30 Sekunden Haarspray von einem festgelegten Punkt in einer Höhe von 0,8 m versprüht. Nach jeweils 30 Sekunden wurde der Sprühvorgang kurz unterbrochen. Nach den ersten 30 Sekunden wurde das SMPS gestartet. Die Versuche wurden sowohl mit dem Haarspray Wellaflex als auch mit dem Haarspray Balea durchgeführt.

4.2.5.2 Messdatenauswertung

Die Messergebnisse der Hintergrundmessung und der Haarspraymessung für die Gesamtanzahlkonzentration c_N pro cm^3 sind in Tabelle 4.11 dargestellt.

Tab. 4.11: Gesamtanzahlkonzentration c_N pro Scan der Hintergrundmessung und der beiden Haarsprays

Haarspray	versprühte Masse m / g	Gesamtanzahlkonzentration c_N / cm^{-3}							
		1. Scan	2. Scan	3. Scan	4. Scan	5. Scan	6. Scan	7. Scan	8. Scan
Hintergrundmessung									
Wellaflex		11208	10665	10092					
Balea		9784	9531	8962					
Haarspraymessung									
Wellaflex	55	16279	13029	12002	11700	11357	10960	10872	10461
Balea	70	42714	27471	22630	21574	20086	19227	18789	17973

Bei gleicher Sprühzeit wird bei dem Haarspray Wellaflex deutlich weniger Haarspray verbraucht. Auch die Anzahlkonzentrationen dieses Haarsprays sind deutlich niedriger als die vom Haarspray Balea. Diese Ergebnisse entsprechen sowohl den Messungen im Modellraum (vgl. Abschn. 4.3.4.2.1, Tab. 4.4), als auch den früher durchgeführten Raummessungen (vgl. Abschn. 4.2.6.2, Tab. 4.13).

Die Werte von Wellaflex liegen zu Beginn des Sprühens über den Werten der Hintergrundmessung. Dieses liegt u.a. an dem kurzen Abstand zwischen Sprühpunkt und dem Messgerät. Im weiteren Verlauf der Messungen können die Partikeln mit den Umgebungspartikeln agglomerieren und sich an Oberflächen ablagern, so dass sich die Werte der Haarspraymessung der Hintergrundkonzentration annähern. Dieses Phänomen ist auch im Raum B (vgl. Abschn. 4.2.6.2.1) zu erkennen.

Zusätzlich wurde ein Versuch mit dem Haarspray Balea durchgeführt, bei dem das Messgerät beim Messpunkt M 2, in einer Entfernung von 4 m zur Tür entfernt stand.

Das nächste Bild 4.11 zeigt Messergebnisse des Haarsprays Balea, bei dem das Messgerät 2 Meter von der Tür am Messpunkt M 1 stand.

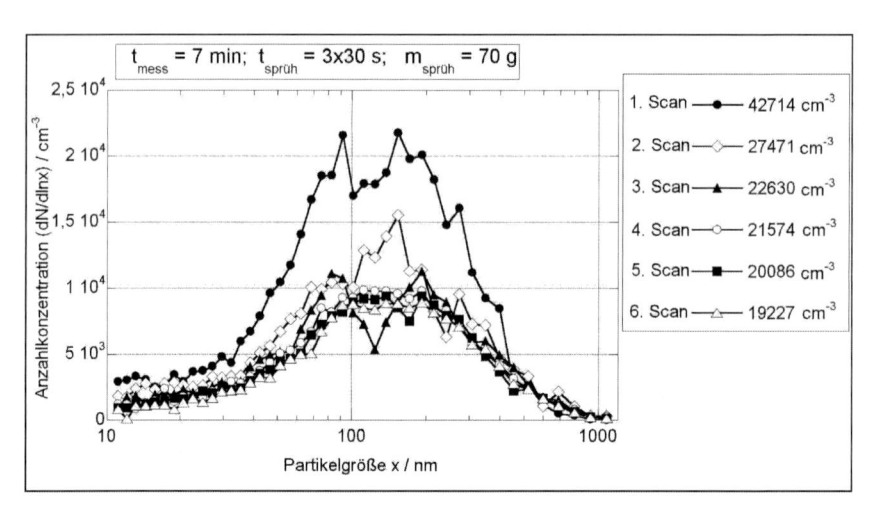

Abb. 4.11: Partikelanzahlkonzentration in Größenklassen mit Angabe der Gesamtpartikelanzahlkonzentration ohne Ventilator Balea M1 Abstand 2 m

Auch bei diesen Messergebnissen entsteht die höchste Kurve während der ersten Messzeit (1. Scan). Zwischen der Gesamtanzahlkonzentration des ersten und des zweiten Scans liegt ungefähr der Faktor 1,5. Danach fallen die Messkurven weiter, ab dem vierten Scan liegen diese nahe beieinander. Für das Absinken der Konzentration sind u.a. die Koagulation der Partikeln untereinander und die Diffusion der einzelnen Partikeln an den Wänden verantwortlich. Dieses ist z.B. bei den Partikeln kleiner als 100 nm zu sehen, da diese deutlich abnehmen. Ab einem Partikeldurchmesser von 250 nm liegen die Kurven sehr nahe beieinander. Wie bereits bei den Versuchen im Modellraum gezeigt, ändert sich der Partikeldurchmesser bei der Koagulation der Partikeln nur geringfügig.

Der Kurvenverlauf, bei dem das Messgerät 4 m von der Tür entfernt stand, zeigt einen ähnlichen Verlauf, nur die Konzentrationshöhe ist niedriger und der Kurvenverlauf des ersten Scans unregelmäßiger. Dieses ist durch die größere Entfernung des Messgerätes zu erklären. Da kein Ventilator zur Durchmischung des Haarsprays verwendet wurde, benötigen die Partikeln mehr Zeit, um sich im Raum zu verteilen und zum Messgerät zu gelangen. Die Partikeln können bereits vorher koagulieren bzw. diffundieren und sich an der Oberfläche ablagern. Bei diesen Versuchen ist die Hintergrundkonzentration deutlich höher als im Modellraum, so dass die Haarspraypartikeln auch mit denen im Raum vorhandenen Partikeln koagulieren können.

4.2.6 Versuche Raum B

4.2.6.1 Versuchsaufbau und Versuchsdurchführung

Im nächsten Schritt werden die Verhältnisse in einem größeren Raum B untersucht, der sich nach den praxisnahen Bedingungen von Friseurarbeitsplätzen richtet. Zeitlich wird ebenfalls die reale Situation simuliert. Es wird an mehreren Stellen hintereinander Haarspray versprüht. Der Raum hat ein Gesamtvolumen von 114,6 m³ mit den Maßen B 6,2 m x L 8,4 m x H 2,2 m. In diesem befinden sich zwei Türen und zwei Fenster, die während der Versuche geschlossen sind. Das Messgerät, SMPS - System steht auf einem 0,75 m hohen Tisch zwischen den Türen an der Wand, wobei die Impaktorspitze zur Mitte des Raums zeigt (siehe Bild 4.12).

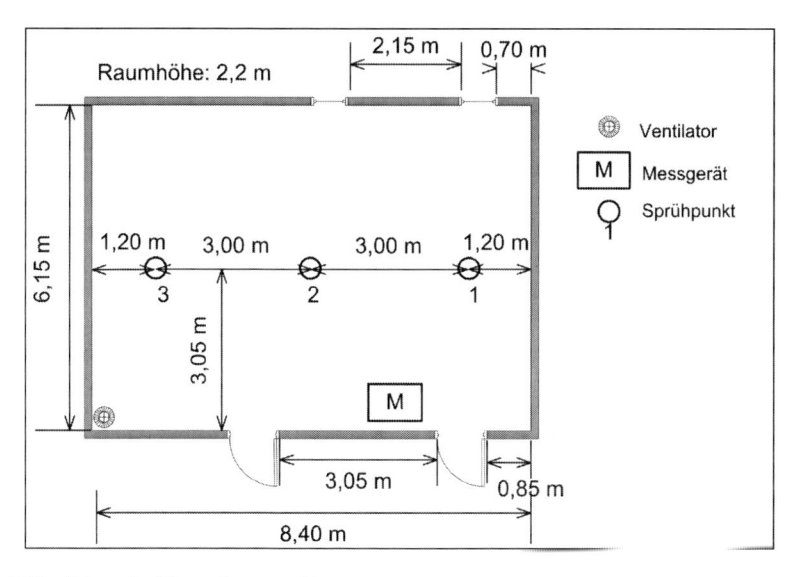

Abb. 4.12: Skizze des Versuchsraums B

Zusätzlich befinden sich zwei Ventilatoren im Raum. Der eine, der während der gesamten Versuchsdauer auf der niedrigsten Stufe läuft, steht in der linken vorderen Raumecke. Der Ventilator wird benötigt, um die Situation in einem Friseursalon, wie z.B. Bewegungen der Mitarbeiter und der Kunden, simulieren zu können. Durch diese können Luftbewegungen bzw. Luftwirbel entstehen, die einen Einfluss auf das Verhalten der Haarspraypartikeln haben. Der zweite Ventilator wird nur zur Belüftung des Raumes zwischen den Versuchen eingesetzt und ist in der Skizze nicht eingezeichnet. Bevor mit den eigentlichen Versuchen begonnen werden konnte, wurde die Hintergrundkonzentration des Raumes bestimmt. Diese Werte werden im Abschnitt 4.2.6.2.1 für die untersuchten Haarsprays aufgeführt, da auch in Friseursalons eine bestimmte Hintergrundkonzentration vorliegt, die nur bedingt beeinflussbar ist. Die Gesamtanzahlkonzentration zum Ende der Hintergrundmessung liegt bei ca. 10000 Partikeln pro cm^3.

Auf der Mittellinie des Raumes befanden sich drei vorher festgelegte Sprühpunkte. Begonnen wurde immer am ersten Sprühpunkt, dann Sprühpunkt 2, anschließend 3, mit einer Sprühzeit von jeweils 30 Sekunden. Das Messgerät wurde nach dem ersten Sprühen gestartet. Nach 30 min, 60 min, 90 min und 120 min wurde der Sprühvorgang wiederholt. Insgesamt wurde 5mal Haarspray versprüht. Die Öffnung der Haarspraydose zeigte in Richtung der Fenster, in einer Höhe von ca. 1,3 m. Die Gesamtmesszeit betrug ca. 1,5 Stunden. Die Haarspraydose wurde vor und nach jedem Sprühzyklus gewogen, wobei bei den meisten Versuchen mehr als ein Doseninhalt verbraucht wurde. Aus den Vorversuchen wurden die sechs nachfolgenden Haarsprays ausgewählt, um die Versuche im Raum B durchzuführen. Ziel des Auswahlverfahrens war es möglichst unterschiedliche Messergebnisse, Median- und Modalwerte zu erhalten.

Tab. 4.12: Übersicht der sechs ausgewählten Haarsprays

Drogeriehaarspray	Friseurhaarspray
Balea Hairstyling	Alcina Balance Kosmetik
Gliss Kur Repairing Styling	High Hair
Wellaflex Men Haarspray	Performance

4.2.6.2 Auswertung

4.2.6.2.1 Gesamtanzahlkonzentration

Die nachfolgende Tabelle 4.13 zeigt sowohl die Hintergrundkonzentration des Raumes vor jeder Messung als auch die Gesamtanzahlkonzentrationen pro Scan von allen sechs Haarsprays. Zwischen den einzelnen Sprühzyklen ist eine Leerzeile zur besseren Übersicht eingefügt und zum Ende der Tabelle die versprühte Haarspraymenge pro Versuch aufgeführt.

Tab. 4.13: Gesamtanzahlkonzentration c_N für die Hintergrundmessung und die Haarspraymessung pro Scan

Zeit t / min	Gesamtanzahlkonzentration c_N / cm^{-3}					
	Drogeriehaarspray			Friseurhaarspray		
	Balea	Gliss Kur	Wellaflex	Alcina	High Hair	Performance
Hintergrundmessung						
7	10993	12236	11684	5203	7212	9953
14	10780	11697	11369	5083	7119	9672
21	10234	10844	10744	5058	6823	9515
28	10041	10588	10283	5018	6489	9059
Haarspraymessung						
7	13961	22776	11070	15524	12231	17287
14	13946	19783	10725	14536	12094	16122
21	13339	18283	10356	13764	11725	15191
28	12613	16783	9892	13164	11158	14164
35	15307	26863	10798	22578	15120	22538
42	17002	24711	10616	21441	14739	21150
49	16155	22698	10542	20161	14419	19895
56	15561	20040	10313	19054	13874	18428
63	19562	29157	11288	28468	17569	25617
70	20409	27642	11002	27132	17281	24050
77	19430	25553	10960	25527	16672	22872
84	18606	23958	10615	24615	15962	21637
91	22298	33266	11365	34281	19621	28704
98	22533	31008	11353	32761	19566	27185
105	21825	28864	10917	30675	18880	25760
112	20750	25588	10835	29058	18135	23804
119	23038	37406	12282	36571	22749	29066
126	23563	33529	12207	33900	22006	27336
133	22502	30972	11470	32102	21276	25718
140	21198	29025	11544	30255	20184	23879
*	300,5	271,9	248,9	292,8	301,2	253,8

* verbrauchte Haarspraymenge, angegeben als Masse in Gramm

Die Versuche haben gezeigt, dass sich das Haarspray in dem Raum anreichert und die Werte deutlich höher liegen als die Werte der Hintergrundmessung. Die Ausnahme ist das Haarspray Wellaflex. Des Weiteren steigt die Anzahlkonzentration nach jedem Sprühen an, um während der nächsten drei Scans wieder zu fallen. Dieses wiederholt sich nach dem nächsten Sprühen und ist auch in Tabelle 4.13 zu erkennen. Über die gesamte

Messzeit steigt die Anzahlkonzentration um das 2- bis 3- fache an. Der Unterschied zwischen den verbrauchten Haarspraymengen liegt bei einem Faktor von 1,2 im Vergleich zwischen dem höchsten und dem niedrigsten Wert. Die Gesamtanzahlkonzentration des Haarsprays Wellaflex verändert sich nur gering im Vergleich zu der vorher durchgeführten Hintergrundmessung. Dies wird später noch genauer erklärt.

Ein Beispiel der Kurvenverläufe der Haarsprays zeigt Bild 4.13. Dargestellt ist das Haarspray Performance. Zur besseren Übersicht wurde nur der erste Scan unmittelbar nach jedem Sprühen aufgeführt. Die Abszisse ist die Partikelgröße x in nm im logarithmischen Maßstab und die Ordinate die Partikelanzahlkonzentration (dN/dln x) pro cm³. Die Legende zeigt die Summe der Anzahlkonzentration dN pro cm³ und die jeweilige Scannummer. Der Scharparameter zeigt die Sprühzeit, die Messdauer pro Scan und die insgesamt verbrauchte Haarspraymenge.

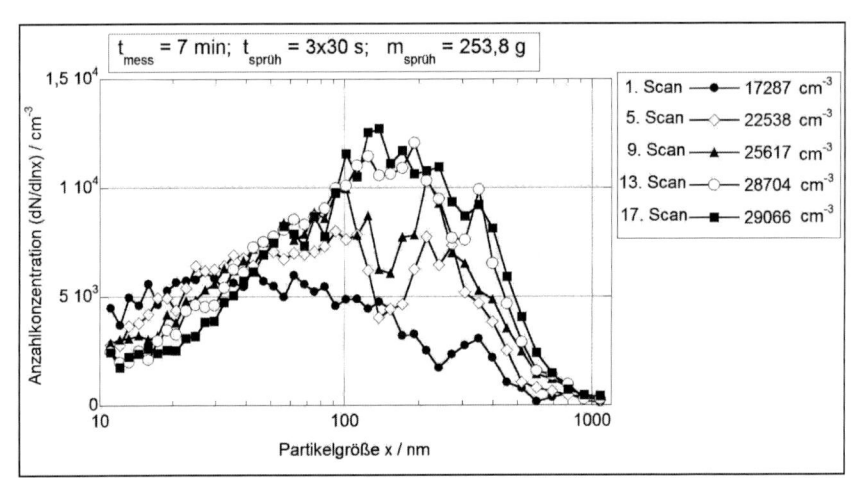

Abb. 4.13: Partikelanzahlkonzentration in Größenklassen mit Angabe der Gesamtpartikelanzahlkonzentration Performance

Bei der Betrachtung der Partikelanzahlkonzentration ist zu sehen, dass die erste Messkurve bzw. der erste Scan eine deutlich niedrigere Anzahlkonzentration hat als der zuletzt ausgeführte. Es ist eine Erhöhung der Konzentration um den Faktor 1,6. Auch verschiebt sich das Maximum von einem kleineren Partikeldurchmesser zwischen 50 nm und 150 nm bei der ersten Messung in einem Bereich zwischen 100 nm und 250 nm zum Ende. Dieser Darstellung ist nicht zu entnehmen, dass die Anzahlkonzentration zwischen den einzelnen Sprühzyklen deutlich sinkt. Durch den eingeschalteten Ventilator kommt es zu geringen Luftbewegungen im Raum, die durch Windprofile überprüft wurden. Diese können die Agglomeration der Partikeln verstärken. Nach erneutem Sprühen steigt die Anzahlkonzentration wieder an, kleinste Partikeln befinden sich wieder in der Luft, d.h. die bereits in der Luft existierenden Haarspraypartikeln können mit kleineren agglomerieren, so dass sich während der gesamten Messzeit das Maximum der Messkurven zu einem größeren Partikeldurchmesser verschiebt. Dieses wird durch die berechnete Verteilungssumme verdeutlicht. Zusätzlich wird ein Teil der Partikeln an den Raumwänden abgelagert. Die Berechnung der Sinkgeschwindigkeit, die in Abschnitt 4.2.4.2 beschrieben wurde, zeigt, dass diese keinen Einfluss hat. Die Verweildauer der Partikeln liegt zwischen 7 Stunden bei einem Durchmesser von 800 nm und 2848 Stunden bei einem Partikeldurchmesser von 50 nm.

Um die Messdaten vom Haarspray Wellaflex besser beurteilen zu können, wird die Hintergrundmessung und die eigentliche Haarspraymessung in den Bildern 4.14 und 4.15 dargestellt.

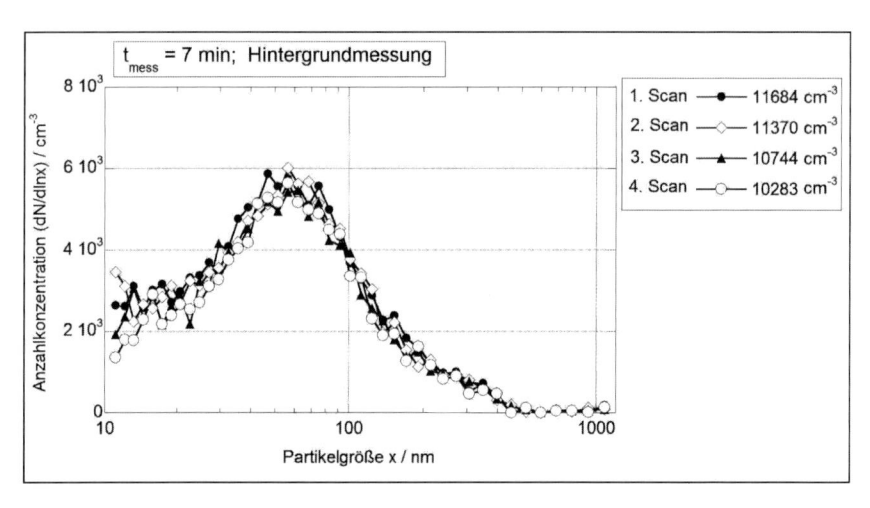

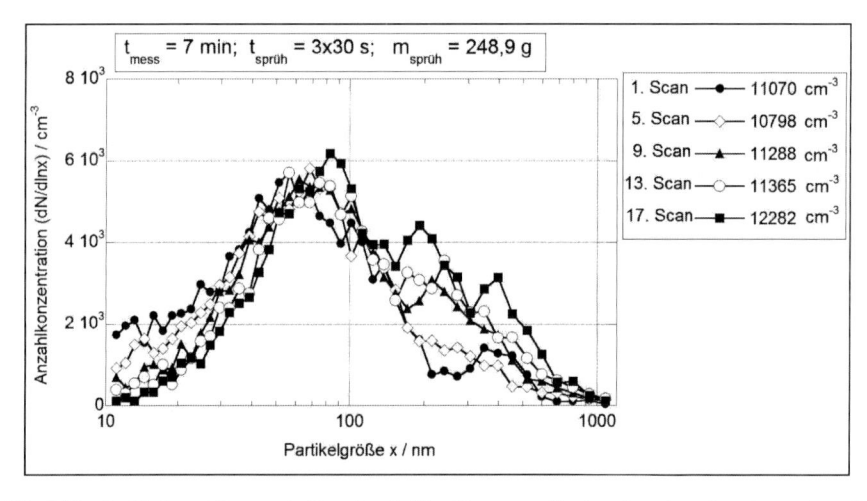

Abb. 4.14: Partikelanzahlkonzentration in Größenklassen mit der Angabe der Gesamtanzahlkonzentration für die Hintergrundmessung

Dieses Beispiel zeigt, dass es wichtig ist, sowohl die Anzahlkonzentration als auch die Größe der Partikeln zu bestimmen. Bei der Hintergrundmessung fallen die Werte der Partikelanzahlkonzentration im Bereich bis 30 nm auf. Das Maximum liegt zwischen 50 nm und 60 nm.

Abb. 4.15: Partikelanzahlkonzentration in Größenklassen mit der Angabe der Gesamtanzahlkonzentration Wellaflex

Nach dem ersten Versprühen des Haarsprays Wellaflex ist die Partikelanzahlkonzentration im Bereich der Werte der Hintergrundmessung. Während des wiederholten Sprühens sinkt die Anzahlkonzentration im Bereich bis 30 nm deutlich. Das Maximum verschiebt sich zu einem Durchmesser ca. 90 nm und der Anteil der Partikeln ab 150 nm ist deutlich gestiegen. Bei der Hintergrundmessung sind in diesem Bereich nur einige Partikeln vorhanden. An diesem Beispiel ist der Einfluss der Hintergrundkonzentration deutlich zu sehen. Die Haarspraypartikeln agglomerieren u.a. mit denen aus der Umgebung. Das Haarspray Wellaflex hat auch im Modellraum die niedrigste Gesamtanzahlkonzentration (vgl. Tab. 4.4) und weist beim Kurvenverlauf ein großes Spektrum über die Partikelgröße. auf.

4.2.6.2.2 Verteilungssumme

Das Verhalten der Partikeln in der Luft, wie z.B. Agglomeration, zeigt sich auch in der berechneten Verteilungssumme, da sich die Kurven zu einem größeren Partikeldurchmesser verschieben. Die Verteilungssumme ist exemplarisch für das Produkt Performance in Bild 4.16 dargestellt. Die Ordinate ist die Verteilungssumme und die Abszisse die Partikelgröße x in nm. Die Legende zeigt die Zeit zum Ende des jeweiligen Scans.

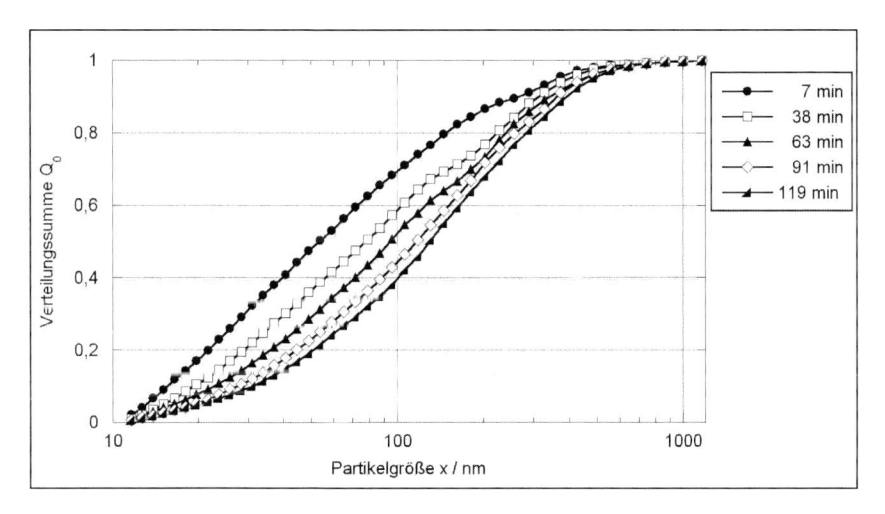

Abb. 4.16: Anzahlverteilungssumme der zu verschiedenen Zeiten gemessenen Partikelgrößen des Haarsprays Performance

4.2.6.2.3 Median- und Modalwerte

Für diese Haarsprays wurden sowohl die Medianwerte als auch die Modalwerte bestimmt. Diese werden in den folgenden Tabellen 4.14 und 4.15 aufgeführt. Die erste Spalte zeigt die Zeit nach dem Start des Messgerätes in Minuten. Die Haarsprays sind nach Drogerie und Friseur alphabetisch sortiert.

Tab. 4.14: Medianwerte $x_{50,0}$ der sechs Haarsprays

Zeit t / min	Medianwerte $x_{50,0}$ / nm					
	Drogeriehaarspray			Friseurhaarspray		
	Balea	Gliss Kur	Wellaflex	Alcina	High Hair	Performance
7	61	82	60	122	89	53
14	69	89	64	140	95	59
21	69	91	64	142	97	62
28	71	95	66	141	97	66
35	71	102	75	145	96	77
42	87	123	74	156	102	89
49	89	130	76	159	107	94
56	91	138	80	162	105	102
63	90	130	84	155	103	94
70	104	149	84	167	106	115
77	105	155	85	169	109	121
84	108	160	87	176	113	126
91	105	144	89	160	107	116
98	117	161	95	174	114	132
105	117	168	96	176	118	140
112	121	176	95	183	115	143
119	113	161	102	183	115	130
126	125	170	109	182	118	143
133	128	180	110	186	122	150
140	129	185	111	187	125	153

Die Anfangsmedianwerte sind mit 60 nm bis 140 nm niedriger als die Endwerte, die zwischen 100 nm und 190 nm liegen. Es fällt auf, dass bei fast allen Haarsprays die Partikeldurchmesser nach den vier Messzyklen erst einmal absinken, um dann wieder anzusteigen. Dieses erklärt sich durch das erneute Sprühen nach jedem vierten Messzyklus. Dadurch werden erneut kleine Partikeln in der Raumluft verteilt. Dies führt zunächst zur Verkleinerung des Medianwertes. Dann agglomerieren die Partikeln, so dass diese wieder größer werden. Die berechneten Medianwerte werden auch für die spätere Expositionsabschätzung verwendet.

Tab. 4.15: Modalwerte x_{mod} der sechs Haarsprays

Zeit t / min	Modalwert x_{mod} / nm					
	Drogeriehaarspray			Friseurhaarspray		
	Balea	Gliss Kur	Wellaflex	Alcina	High Hair	Performance
7	13	12	12	11	56	11
14	13	11	17	30	47	11
21	36	21	36	83	47	11
28	12	11	16	32	43	17
35	47	75	15	83	34	17
42	47	30	47	75	56	21
49	47	56	51	83	62	23
56	43	75	39	92	62	27
63	43	62	39	83	62	11
70	52	91	47	112	62	32
77	47	68	51	75	51	23
84	51	68	62	83	68	32
91	51	83	56	101	62	11
98	56	68	51	83	62	11
105	56	83	51	112	51	25
112	56	112	56	112	68	56
119	68	92	51	101	68	11
126	62	101	56	112	56	30
133	51	112	47	83	62	47
140	62	92	51	124	75	62

Die Modalwerte sind insgesamt deutlich niedriger als die Medianwerte. Die Anfangswerte liegen zwischen 10 nm und 20 nm, so dass die Vermutung nahe liegt, dass diese Werte noch die Umgebungsmodalwerte sind. Das Haarspray gelangt erst mit einer zeitlichen Verzögerung zum Messgerät und die Konzentration ist noch gering. Eine Ausnahme bildet das Haarspray High Hair, dessen Anfangswert bei 60 nm liegt. Tendenziell steigen die Werte mit der Zeit an. Dies erklärt sich durch das wiederholte Versprühen von Haarspray.

4.2.6.2.4 Fazit der Messungen im Raum B

Die Planung der Versuche im Raum B richtet sich nach den realen Bedingungen an Arbeitsplätzen in Friseursalons. Aus diesem Grunde wurde an mehreren Stellen wiederholt Haarspray über eine Gesamtmesszeit von 1,5 Stunden versprüht. Die Bewegungen der Mitarbeiter und der Kunden wurden durch den eingeschalteten Ventilator simuliert.

Aufgrund der durchgeführten Versuche lässt sich folgendes festhalten: Partikeln sind in diesem großen Raum nachweisbar. Nach dem Sprühen sinkt die Gesamtanzahlkonzentration im Raum. Bei erneutem Sprühen steigt diese wieder an und das Maximum der Anzahlkonzentration verschiebt sich von kleineren Partikeldurchmessern zu größeren. Dies wird durch die berechnete Verteilungssumme und die Medianwerte bestätigt. Durch das wiederholte Freisetzen von Haarspray werden erneut kleinste Partikeln im Raum verteilt. Dadurch können die bereits vorhandenen Partikeln direkt mit diesen koagulieren und die Anzahlkonzentration sinkt leicht. Auch in diesem Raum hat die Sinkgeschwindigkeit keinen Einfluss. Die einzelnen Sprühvorgänge werden nicht direkt durch das Messgerät angezeigt. Dieses ist durch die Scanzeit von 7 Minuten und dem Abstand vom Messgerät und den Sprühpunkten zu erklären. Bis die freigesetzten Haarspraypartikeln das Messgerät erreichen, können diese bereits mit den Umgebungspartikeln agglomerieren und sich an Oberflächen ablagern.

4.2.7 Ergänzende Messungen

4.2.7.1 Versuchsaufbau und Versuchsdurchführung

Während eines Projektes wurden zusätzliche Haarspraymessungen im Raum A durchgeführt. Diese werden im Folgenden nur H1, H2, H3 und H4 genannt und im folgenden Abschnitt vorgestellt. Auch hier ist die Fragestellung gegeben, inwieweit sich Haarspray in einem Raum nachweisen lässt. Der ausgewählte Raum A ist der gleiche wie in Abschnitt 4.2.5 beschrieben. Die Messungen wurden mit einer Perücke und drei Aerosolspektrometern Modell 1.108 der Firma Grimm, die in Kapitel 3 vorgestellt wurden, durchgeführt. Das Messintervall war 6 Sekunden, die Messzeit eine Stunde und der Auswertemodus inhalativ, thorakal und alveolengängig. Diese Messergebnisse sind durch die Wahl des Messmodus massebezogen und nicht wie bei den bisherigen Betrachtungen anzahlbezogen. Die Sprühzeit betrug immer 10 Sekunden. Das nachfolgende Bild 4.17 zeigt eine schematische Darstellung des Raumes mit einem Versuchsaufbau.

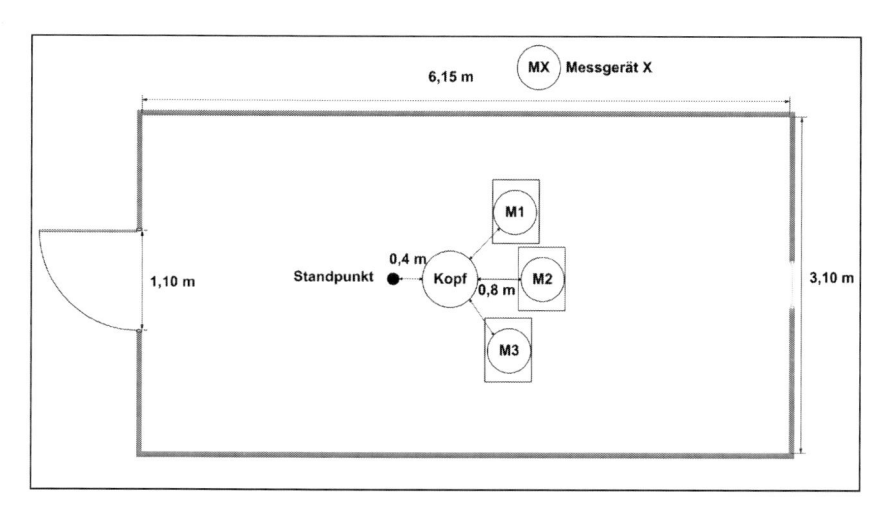

Abb. 4.17: Skizze des Versuchsraums A und Versuchsaufbaus

Die Perücke wurde für die Simulation eines realistischen Sprühverhaltens benötigt. Der Einfluss der folgenden Parameter auf die Massenkonzentration wurde untersucht:

- Standort der Messgeräte
- Relative Höhe zwischen Messgerät und Perücke
- Art des Sprühens z.B. von vorne
- Luftbewegung im Raum / Ventilator

Die Vorversuche wurden zuerst mit einem Haarspray, genannt H1 in einem 41 m³ großen Raum durchgeführt. Vor jedem Versuch erfolgte eine Nullmessung für die Kalibrierung der Messgeräte untereinander und auch für den Beginn der Messung, da die Massenkonzentration kleiner als 100 µg m^{-3} sein sollte. Der Kalibrierungsfaktor für Messgerät 1 lag bei 1,24 und für das Messgerät 3 bei 0,82, das Messgerät 2 wurde als Referenzgerät definiert. Nach abgeschlossener Nullmessung wurden alle Messgeräte gleichzeitig gestartet. Nach ca. 3 Minuten wurde das Haarspray gesprüht. Auch bei diesen Versuchen wurde die Haarspraydose vorher und nachher gewogen. Es wurde zwischen 5,8 g und 6,8 g Haarspray verbraucht. Diese Unterschiede sind durch das manuelle Sprühen und den schwankenden Druck beim Sprühen selbst zu erklären. Ebenfalls für diese Unterschiede können Fertigungsschwankungen bei gleicher Sorte aber unterschiedlichen Dosen verantwortlich sein.

4.2.7.2 Versuchsvarianten und Messdatenauswertung

Im Folgenden werden sowohl die einzelnen Varianten als auch die Ergebnisse kurz zusammengefasst.

- **Standort der Messgeräte**

Hier wurde sowohl der Abstand zwischen Perücke und den Messgeräten als auch der Anordnungswinkel zwischen beiden variiert. Es hat sich bestätigt, dass mit größerer Entfernung der Messgeräte die zu messenden Ergebnisse sich verringern.

- **Relative Höhe zwischen Messgeräte und Perücke**

Stehen die Messgeräte niedriger als die Perücke, werden deutlich höhere Konzentrationen gemessen als bei Anordnung der Perücke auf einem höheren Niveau. Das nachfolgende Bild 4.18 zeigt den Versuchsaufbau, bei dem die Messgeräte auf 60 cm Höhe stehen und die Perücke sich in einer Höhe von 80 cm befindet.

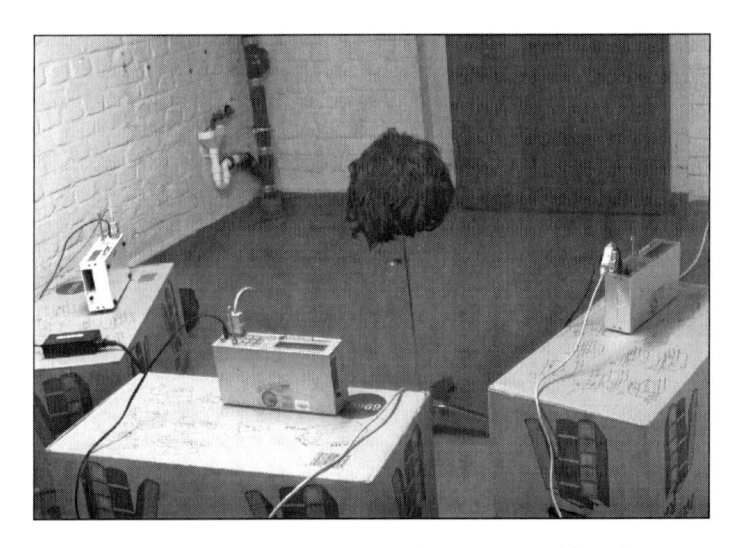

Abb. 4.18: Versuchsaufbau relative Höhe zwischen Messgeräten und Perücke

- **Art des Sprühens**

Es wurden zwei Varianten des Sprühens untersucht. Ein Mal wurde mehr frontal auf die Perücke gesprüht, das andere Mal das Haarspray auf und um die Perücke verteilt. Bei letzterem entstand ein zusätzliches kleines Plateau bei den Ergebnissen der Massenkonzentration.

- **Luftbewegung**

Für diese Versuche befanden sich zwei Ventilatoren im Raum im gleichen Abstand von der Perücke auf einer Diagonalen. Diese liefen während der gesamten Versuchszeit auf der untersten Stufe 1. Die Messung der Windgeschwindigkeit im Abstand vom einem Meter horizontal zum Ventilator hat eine durchschnittliche Geschwindigkeit von 1,4 m s^{-1} ergeben. Die Messergebnisse liegen deutlich höher als die zuvor ermittelten Ergebnisse und die Messkurven fallen gleichmäßiger ab.

Bei allen Messungen zeigten sich Abweichungen in den Ergebnissen. Erklärbar ist dies durch die Art des Sprühens von links nach rechts oder von rechts nach links und dem unterschiedlichem Verbleiben des Haarsprays an der Perücke.

In einem weiteren Schritt wurde das Gesamtraumvolumen von 41,8 m³ auf ca. 14 m³ verkleinert, was in etwa einem Standardbadezimmer entspricht. Ziel war es, vier Haarspraysorten darauf zu untersuchen, inwieweit sich die Massenkonzentrationen unterscheiden. Der Aufbau ist im Bild 4.19 dargestellt.

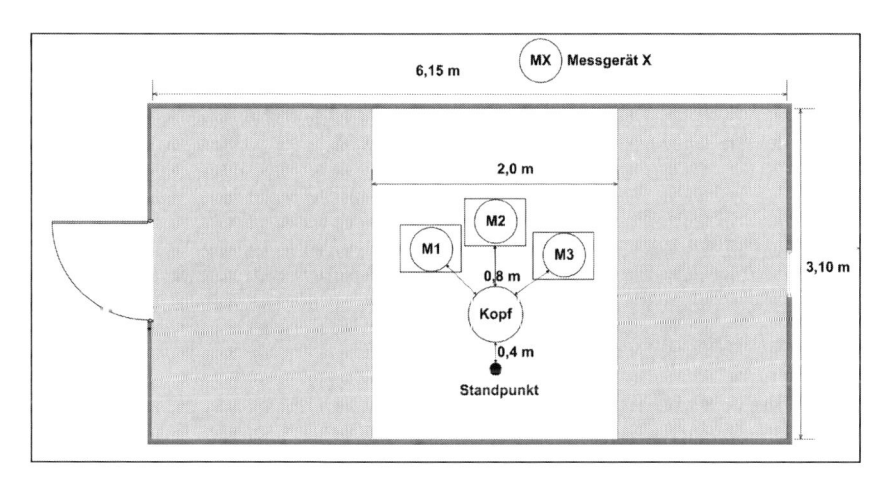

Abb. 4.19: Skizze des verkleinerten Versuchsraums A und Versuchsaufbaus

Der Abstand zwischen Perücke und Messgeräten betrug 80 cm, wobei Gerät 2 der Perücke gegenüberstand. Die beiden anderen Messgeräte 1 und 3 waren in einem Winkel von 45° zum Gerät 2 angeordnet. Der Perückenkopf und die Messsonden der Messgeräte befanden sich auf einer Höhe von 80 cm. Der Abstand zwischen Perücke und sprühender

Person betrug 40 cm. Bei der Einstellung der Messgeräte ist nichts verändert worden und die Sprühzeit betrug auch wiederum 10 Sekunden. Das Haarspray wurde von links nach rechts auf und um die Perücke verteilt. Abschließend ist folgendes zu dieser Versuchsreihe festzuhalten: Alle Messkurven steigen kurz nach dem Sprühvorgang an, um nach maximal 4 Minuten auf ca. 10 % der Ausgangskonzentration zu fallen. Die vier Haarsprays unterscheiden sich in der Konzentrationshöhe. Das Material 3 hat die niedrigste Konzentration mit 4000 µg pro m³ in der inhalativen Fraktion und das Material 2 die höchsten Werte in der inhalativen Fraktion mit 15000 µg pro m³. Der gravierende Unterschied zu den früheren Messungen ist, dass, wie bei der vorgesehenen Anwendung, beim Einsatz einer Perücke Haarspraypartikeln auf dieser haften bleiben.

4.2.8 Friseursalon

4.2.8.1 Vorgehensweise

Während dieser Arbeit wurden Messungen mit dem SMPS - System in drei Friseursalons durchgeführt, um die unter Laborbedingungen ermittelten Erkenntnisse vor Ort zu überprüfen. Hier war der Fragestellung nachzugehen, ob die Benutzung von Haarspray während der Arbeit von Friseuren messtechnisch nachweisbar ist. Die Räume unterschieden sich nach der Größe, Anzahl der Arbeitsplätze und Lüftungsart. Zwei Salons hatten zusätzlich eine technische Lüftung, der dritte verfügte nur über eine Tür und ein Fenster.

Die Messungen wurden während der Öffnungszeiten bei laufendem Betrieb durchgeführt, so dass keine Messung ohne Kundenverkehr (Nullmessung) durchgeführt werden konnte und keine Aussage über die Hintergrundkonzentration in den einzelnen Salons gemacht werden kann. Das Messgerät wurde so aufgestellt, dass der Tagesablauf nicht gestört wurde. Das bedeutet, dass das Messgerät teilweise mehrere Meter vom Sprühort entfernt stand. Die Grundrisse der einzelnen Salons mit Fenstern, Türen und Arbeitsplätzen wurden zur besseren Auswertung aufgezeichnet, die einzelnen Tätigkeiten an den Arbeitsplätzen, soweit möglich, protokolliert.

4.2.8.2 Messdatenauswertung und Darstellung

Bild 4.20 zeigt die Gesamtanzahlkonzentration der Messungen in den drei Friseursalons. Die Abszisse zeigt die Zeit in Minuten, die Ordinate die Gesamtanzahlkonzentration c_N pro cm³. Das Zeitintervall zwischen den einzelnen Messpunkten liegt bei 7 Minuten.

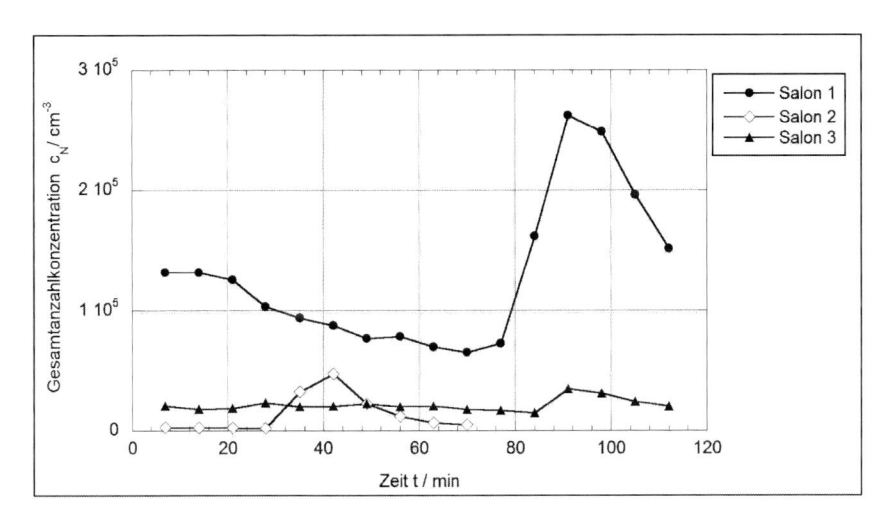

Abb. 4.20: Gesamtanzahlkonzentration c_N pro cm³ für die 3 Friseursalons

Auffällig ist, dass die Gesamtanzahlkonzentration des Friseursalons 1 mit einem Gesamtvolumen von 67,5 m³ deutlich höher ist als bei den beiden anderen. Dieser Salon hat keine zusätzliche technische Lüftung. Der Anstieg auf über 250000 Partikeln pro cm³ ist nicht nur durch das Versprühen von Haarspray zu erklären. Vorher wurde geföhnt und danach Haarspray verwendet. Es liegt die Vermutung nahe, dass auch das Föhnen zu diesem hohen Anstieg beigetragen hat. Aus diesem Grunde werden unterschiedliche Föhntypen untersucht und im Abschnitt 4.2.9 genauer diskutiert. Es ist zu berücksichtigen, dass das Messgerät in größerer Entfernung steht. Im Gegensatz dazu steht Salon 2 mit einem Gesamtvolumen von 52,8 m³, der durch niedrige Konzentrationen auffällt. Dieses ist durch die technische Lüftung zu erklären. Auch hier ist ein deutlicher Anstieg zu sehen, denn es wurde sowohl geföhnt als auch Haarspray verwendet. Salon 3 mit einem Gesamtvolumen von 252 m³ hat eine verhältnismäßig gleichbleibende Konzentration bei ca. 20000 Partikeln pro cm³. Dieses ist wie folgt zu erklären: Die Lüftung ist oberhalb des Messgerätes und saugt die Partikeln an. Auch hier ist der Anstieg nach der Benutzung von Haarspray und föhnen zu erkennen. Nanopartikeln bzw. ultrafeine Partikeln reagieren sehr schnell durch Agglomeration mit den Umgebungspartikeln [HIN99, KRU05]. Dieses wirkt sich direkt auf die Partikelanzahlkonzentration und somit auf die Messergebnisse aus, da das Messgerät einige Meter vom Sprühort entfernt steht.

Bei der Arbeit in Friseursalons werden die verschiedensten Tätigkeiten durchgeführt, die Mitarbeiter und Kunden bewegen sich und die Tür wird geöffnet bzw. geschlossen. Dadurch kommt es zu nicht laminaren Luftbewegungen mit dem Effekt der Agglomeration der Partikeln und der Ablagerung an den Wänden. Durch eine technische Lüftung lässt sich die Partikelanzahlkonzentration in einem Friseursalon deutlich reduzieren (Salon 2 und 3). Inwieweit durch das Versprühen von Haarspray eine Gefährdung der Mitarbeiter bestehen kann, wird in Kapitel 5 näher betrachtet.

4.2.9 Föhnmessungen

4.2.9.1 Versuchsaufbau und Versuchsdurchführung

Während der Messungen in den Friseursalons ergab sich die Annahme, dass die Föhne kleinste Partikeln generieren, vorwiegend beim Trocknen von Haaren. Haartrockner bzw. Föhne werden zumeist von einem Universalmotor oder einem Niederspannungsgleichstrommotor angetrieben. Die austretende Luft wird mit Hilfe von stromdurchflossenen Heizdrähten erwärmt, diese Heizwendeln sind auf isolierenden Glimmplatten aufgewickelt. Das Bild 4.21 zeigt einen geöffneten Föhn.

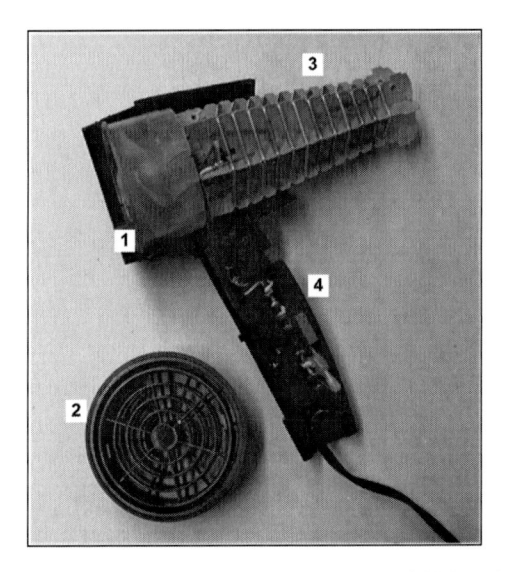

Abb. 4.21: Schnitt durch einen Föhn; Gebläse (1) mit Abdeckung (2), Heizwedel (3) sowie Elektronik und Wahlschalter im Griff (4)

Oft können Luftstrom und -temperatur stufenweise geregelt werden [BRO06]. Insgesamt wurden vier unterschiedliche Föhne untersucht, die sich u.a. durch den Hersteller, die erzeugten Temperaturen und die Luftgeschwindigkeiten unterschieden. Das nachfolgende Bild 4.22 zeigt drei der verwendeten Föhne.

Abb. 4.22: Drei der verwendeten Föhne (v. l. schwarz grauer Föhn, neuer Föhn und Reiseföhn)

Um zu überprüfen, ob Föhne nanoskalige Partikeln freisetzen, wurden Versuche mit dem SMPS im Modellraum, welcher im Abschnitt 4.2.3 bereits beschrieben wurde, durchgeführt. Es wurden die Einflussfaktoren auf die Partikelanzahlkonzentration, wie z.B. die Raumlage oder Messsondenlänge, nicht erneut überprüft, da diese bei den Versuchen mit Haarspray keinen Einfluss hatten.

Die folgenden Parameter wurden bei vier unterschiedlichen Föhnen untersucht, da diese Kriterien auch einen Einfluss bei den vorhergehenden Versuchen zeigten:

- Föhndauer
- Föhnstufe
- Föhntyp
- Raumtemperatur und Luftfeuchte

Für die Versuche stand der Modellraum quer unter einer Sicherheitswerkbank, damit dieser ausreichend belüftet werden konnte. Die Probenentnahmestelle befindet sich an der Längsseite auf halber Höhe (22 cm). Es wurde die 10 cm lange Messsonde verwendet. Vor Beginn der Messung wurde darauf geachtet, dass die Partikelanzahlkonzentration unter 150 pro cm^3 lag. Bei den vier Föhnen wurden die Föhnzeiten 0,5 Minuten, 1 und 1,5 Minuten untersucht. Während dieser Zeit wurde die Temperatur der

Kammer überwacht, da die Probenluft aus technischen Gründen nicht wärmer als 30° C sein sollte, wenn das Messgerät gestartet wird. Es wird die Anzahlkonzentration in bestimmten Größenklassen festgestellt. Es wurde mindestens 7 Minuten bis zum Messbeginn gewartet.

4.2.9.2 Messdatenauswertung und Darstellung

Bei den insgesamt 15 durchgeführten Messungen gibt es zwei verschiedene Kurvenverläufe der Anzahlkonzentration. Diese ist abhängig von der Temperatur, die durch den eingeschalteten Föhn erreicht wird. Bild 4.23 zeigt exemplarisch den Kurvenverlauf bei niedrigen Temperaturen zwischen 23 °C und 26 °C. Die Abszisse ist die Partikelgröße und die Ordinate die Partikelanzahlkonzentration dN (dln x) pro cm³. Die Scharparameter zeigt die Gesamtanzahlkonzentration c_N pro cm³.

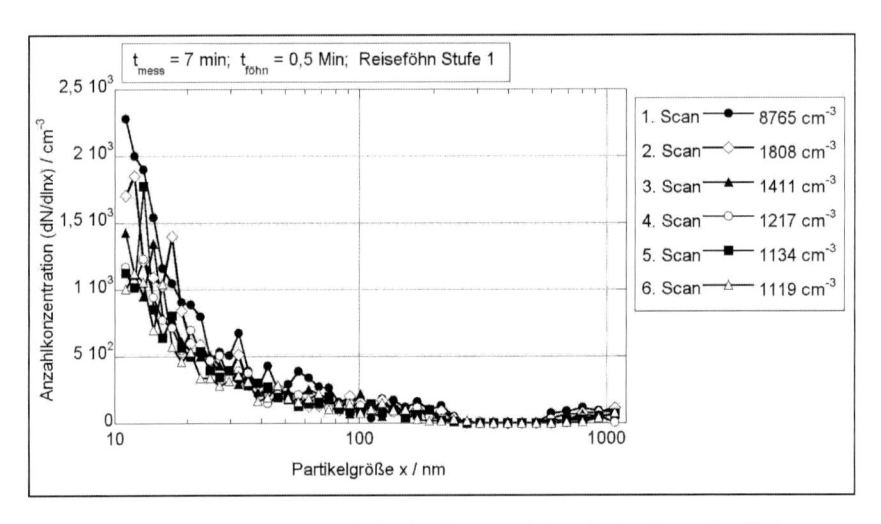

Abb. 4.23: Partikelanzahlkonzentration in Größenklassen mit Angabe der Gesamtpartikelanzahlkonzentration, Föhn bei niedriger Temperatur

Bei einer Partikelgröße von ca. 15 nm beginnen die Kurvenverläufe mit dem Maximum bei fast 2500 Partikeln pro cm³, um dann steil zu fallen. Bei einer Partikelgröße von ca. 30 nm beträgt die Anzahlkonzentration nur noch 1/5 des Ausgangswertes, um dann fast auf Null zu fallen.

Das folgende Bild 4.24 zeigt exemplarisch die Kurvenverläufe bei höheren Temperaturen zwischen 27 °C und 36 °C.

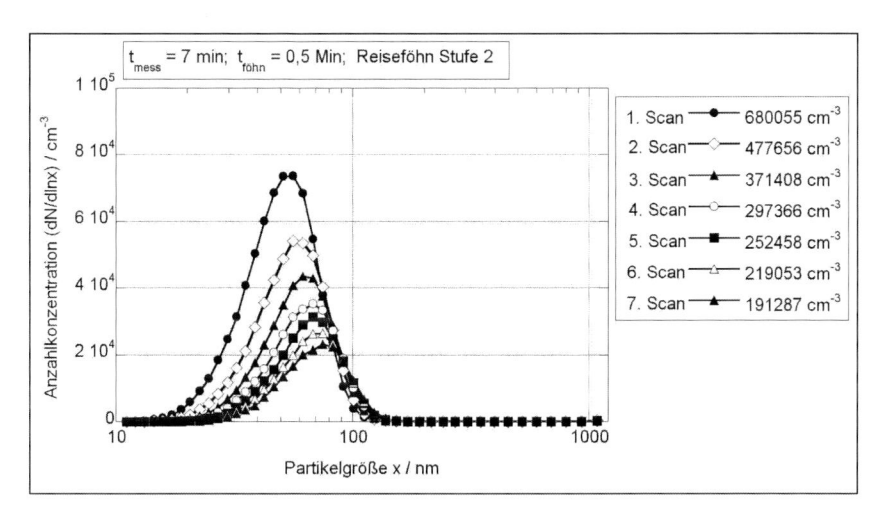

Abb. 4.24: Partikelanzahlkonzentration in Größenklassen mit Angabe der Gesamtpartikelanzahlkonzentration, Föhn bei hoher Temperatur

Die Messkurven sehen aus wie die Kurven bei den Haarspraymessungen. Es zeigt sich, dass durch die Nutzung von Föhnen nanoskalige Partikeln freigesetzt werden können. Die Maxima des ersten Scans der verschiedenen Föhne liegen zwischen einer Partikelgröße von 15 nm und 150 nm. Die Messwerte der nachfolgenden Scans fallen kontinuierlich und das Maximum verschiebt sich zu einem größeren Partikeldurchmesser. Dieses ist durch die Agglomeration der Partikeln und die Ablagerung an den Wänden zu erklären [HIN99]. Die nachfolgende Tabelle 4.16 zeigt die Gesamtanzahlkonzentration pro Scan der unterschiedlichen Föhne und die Föhndauer. Die Messdaten sind unterteilt nach der Art der Messkurvenverläufe.

Tab. 4.16: Gesamtanzahlkonzentration c_N pro Scan der unterschiedlichen Föhne

Nr.	Föhn	Föhndauer t / min	Gesamtanzahlkonzentration c_N / cm^{-3}					
			1. Scan	2. Scan	3. Scan	4. Scan	5. Scan	6. Scan
1	schwarz grau Stufe 2	0,5	488728	325855	245015	192597	156105	132409
2	schwarz grau Stufe 2	1,0	461939	313793	239044	192628	157853	134014
3	schwarz grau Stufe 2	1,0	464464	311202	234418	185079	151144	129639
4	schwarz grau Stufe 2	1,5	540734	392520	309162	253427	216498	186009
5	Schwarz Stufe 2	1,0	438596	299181	223481	176308	143316	119581
6	Schwarz Stufe 2	1,5	371773	260078	199652	157999	131484	110831
7	Reiseföhn Stufe 2	0,5	599541	405131	294665	240455	199425	169596
8	Reiseföhn Stufe 2	1,0	680055	477656	371408	297366	252458	219053
9	neuer Föhn Stufe 2	0,5	98278	88736	76601	69663	64544	59596
10	neuer Föhn Stufe 2	1,5	702050	534453	423244	364690	291856	249005
11	neuer Föhn Stufe 1	1,5	135076	118082	106578	95759	86527	79587
12	schwarz grau Stufe 1	1,0	7778	6732	6231	5512	4825	-
13	Reiseföhn Stufe 1	0,5	8765	1808	1411	1217	1134	1119
14	neuer Föhn Stufe 1	1,0	5717	5644	5886	6257	6322	5784
15	neuer Föhn Stufe 1	0,5	3027	2741	3469	2344	1971	1613

Die Tabelle 4.16 zeigt, dass die Gesamtanzahlkonzentration abhängig ist von der Föhndauer, der Föhneinstellung und der Temperatur, die maximal in der Kammer erreicht wird. Bei den Messungen zwei und drei wurde der gleiche Föhn mit gleicher Einstellung verwendet. Es zeigt sich, dass auch Föhnmessungen reproduzierbare Ergebnisse haben.

Durch diese Messergebnisse ist die Vermutung bestätigt worden, dass Föhne Nanopartikeln in der Größenordnung von Haarspray ab einer bestimmten Temperatur freisetzen können.

4.2.10 Abschließendes Fazit der Versuche mit Haarspray

Abschließend werden die wichtigsten Punkte dieses Kapitels zusammengefasst. Mit den Versuchen in dem 0,207 m³ großen Modellraum konnte der Nachweis von nanoskaligen bzw. ultrafeinen Partikeln in Haarspray erbracht werden. Die Partikelanzahlkonzentration ist abhängig von der Sprühzeit, der Haarspraysorte und dem Messbeginn. Das Absinken der Anzahlkonzentration ist durch die Brown'sche Diffusion und der Agglomeration der Partikeln untereinander sowie dem Anhaften der Partikeln an Oberflächen zu erklären.

Beim Transferieren der gewonnenen Ergebnisse in einen größeren 41,8 m³ Raum A konnten ebenfalls nanoskalige Partikeln nachgewiesen werden und dass die gleichen Phänomene, wie Agglomeration und Brown'sche Diffusion der Partikeln, auftreten. In einem weiteren Schritt wurden die Versuche in einen 114 m³ großen Raum B an die Situation in einem Friseursalon angepasst. Aus diesem Grunde wurde an mehreren Stellen mehrmals Haarspray versprüht. Die Ergebnisse haben gezeigt, dass die Partikeln auch in diesem größeren Raum nachweisbar sind und sich bei wiederholtem Sprühen anreichern. Während des Sprühens werden kleinste Partikeln in die Luft freigesetzt und verbleiben in der Umgebung. Bei wiederholtem Sprühen werden erneut Partikeln mit ähnlicher Größenverteilung freigesetzt, die nun mit den bereits vorhandenen Partikeln agglomerieren und sich an den Wänden ablagern. Die Betrachtung des Haarsprays Wellaflex hat gezeigt, dass auch die Hintergrundkonzentration in einem Raum Einfluss auf die Messergebnisse hat. Die zusätzlichen Messungen mit einer Perücke haben ergeben, dass die Massenkonzentrationen in einem 14 m³ großen Raum zwischen 4000 µg m^{-3} und 15000 µg m^{-3} liegen und ein sichtbarer Haarsprayfilm auf der Perücke verbleibt.

Die Messungen in den Friseursalons haben gezeigt, dass der Anstieg der Partikelanzahlkonzentration nicht nur mit der Verwendung von Haarspray zu erklären ist. Durch die Versuche mit unterschiedlichen Föhnen im 0,207 m³ großen Modellraum ist die Vermutung bestätigt worden, dass Föhne auch nanoskalige Partikeln in der gleichen Größenordnung wie Haarspray freisetzen. Wie die Messungen in den Räumen A und B gezeigt haben, werden durch das Versprühen von Haarspray nanoskalige Partikeln freigesetzt. Diese reagieren sehr schnell durch Koagulation mit den Umgebungspartikeln [HIN99]. In Friseursalons kommen weitere Effekte gegenüber den Laborversuchen hinzu. Das Messgerät stand bei allen drei Salons mehrere Meter von den Arbeitsplätzen entfernt, so dass sich die Partikeln bereits abgelagert haben bzw. agglomerieren können. Die Mitarbeiter und Kunden bewegen sich, es werden die verschiedensten Tätigkeiten durchgeführt und die Tür geöffnet bzw. geschlossen. Dadurch kommt es zu Luftbewegungen die nicht laminar sind und das Agglomerationsverhalten der Partikeln wird verstärkt. Durch eine technische Lüftung lässt sich die Partikelanzahlkonzentration in einem Friseursalon deutlich reduzieren (Salon 2 und 3). Inwieweit durch das Versprühen von Haarspray eine Gefährdung der Mitarbeiter bestehen kann, wird in Kapitel 5 Expositionsabschätzung näher betrachtet.

4.3 Messung der Freisetzung von Partikeln beim Mörsern von Tabletten

4.3.1 Einführung

In Apotheken, Krankenhäusern und Pflegeheimen müssen ebenfalls Gefährdungsbeurteilungen für die einzelnen Arbeitsplätze bzw. Tätigkeiten erstellt werden. In der ambulanten bzw. stationären Pflege arbeiten ca. 1,2 Mio. Personen [EHS12] in deren Tätigkeitsbereich auch das Zerkleinern von Tabletten gehört, abhängig von der medizinischen Disziplin und den Patienten. Ein Beispiel ist die Darreichung von Tabletten bei Patienten, die über eine Magensonde ernährt werden. Meistens wird hierbei mit einem Handmörser gearbeitet.

4.3.2 Grundlagen für die Erstellung des Versuchsaufbaus

4.3.2.1 Einflussfaktoren

Für eine Gefährdungsbeurteilung muss ermittelt werden, inwieweit eine inhalative Exposition mit nanoskaligen Partikeln der Mitarbeiter während des Mörserns von Tabletten vorliegt. Im Alltag auf z.B. Krankenhausstationen werden Tabletten gemörsert, wie ein Arzt sie verordnet hat.

Der Feinheitsgrad der pulverisierten Tablette und die Mahldauer hängen von der individuellen Handhabung des Mitarbeiters ab. Dieses Vorgehen beeinflusst direkt die mögliche partikuläre Exposition. Folgende Parameter können diese beeinflussen:

- Individuelle Einflüsse
    - Druck auf das Pistill
    - Pistillführung (z.B. nur drücken, nur reiben und beides kombiniert)
    - Mörserdauer
- Mörser
    - Oberflächenbeschaffenheit (z.B. Material, Rauigkeit)
- Umgebungsbedingungen
    - Lufttemperatur
    - Luftfeuchtigkeit

- Mörsergut
    - Tablettenart (z.B. Überzug, Größe)
    - Menge

Um eine validierte Grundlage für eine Gefährdungsbeurteilung zu erhalten, muss ein standardisierter Versuchsaufbau mit definierten Einflussfaktoren festgelegt werden. Um reproduzierbare und miteinander vergleichbare Messergebnisse zu erhalten, werden die individuellen und die durch den Mörser verursachten Einflussfaktoren durch die Verwendung einer automatischen, für pharmazeutische Produkte geeigneten Mörsermühle standardisiert. Durch die Durchführung der Versuche unter Laborbedingungen sind die Umgebungseinflüsse reduziert. Somit können Einflussfaktoren auf die gemessenen Ergebnisse festgestellt werden.

4.3.2.2 Einführung in den Mörservorgang

Ziel beim Mörsern ist das Zerkleinern von grobem Mahlgut. Die maximale Korngröße bei diesem Verfahren beträgt 40 mm. Das zu mörsernde Produkt muss in seinem Bruchverhalten auf das Zerkleinerungsprinzip abgestimmt sein, d.h. es muss hart und spröde sein. Beim Mörsern wird das Mahlgut durch Schlag, Druck und Reibung zerkleinert, entweder als Einzelursache oder durch Zusammenwirken der Ursachen [RET08]. Die Druck-, Reib- und Scherkräfte, die auf das Mahlgut wirken sind im Bild 4.25 dargestellt.

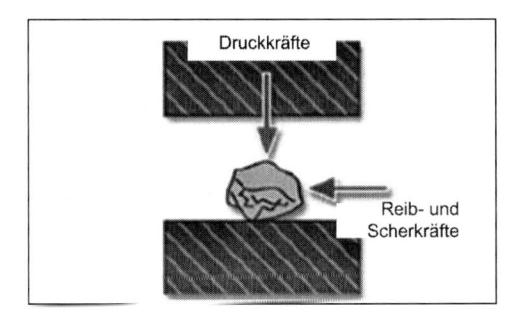

Abb. 4.25: Wirkende Kräfte auf das Mahlgut [RET08]

4.3.2.3 Handmörser

Der bei den Versuchen verwendete Handmörser besteht aus einer Porzellan –Reibschale mit einem Innendurchmesser von ca. 13 cm und einem Volumen von ca. 0,4 L sowie einem Porzellanpistill. Für die pharmazeutische Anwendung wird Porzellan als Material verwendet, da dieses beständig gegen fast alle Säuren und Laugen sowie andere Reagenzien, sowohl bei Raumtemperatur als auch bei Siedetemperatur ist [HAL08]. Durch die Handbewegung des Pistills können Schlag, Druck oder Reibung auf das Mahlprodukt einzeln oder kombiniert aufgebracht werden. Der verwendete Handmörser ist in Bild 4.26 dargestellt.

Abb. 4.26: Verwendeter Handmörser der Fa. Haldenwanger, Waldkraiburg ($V_{Schale} \approx 0,4L$)

4.3.2.4 Mörsermühle

Die verwendete Mörsermühle Modell RM 200 der Firma Retsch wird vor allem zum Zermahlen von pharmazeutischen Produkten benutzt. Die vom Hersteller angegebene Endfeinheit beträgt 10 µm. Ihr Funktionsprinzip beruht auf der Zerkleinerung, der Mischung und dem Verreiben des Mahlgutes durch Druck und Reibung [RET08]. Mit Hilfe eines Abstreifers wird das Mahlgut immer zwischen Pistill und Mörser geschoben, so dass die Gesamtmenge ständig dem Mahl- und Verreibungsprozess zugeführt wird. Die Mahldauer kann in Minutenschritten variiert werden. Der Mörser dreht sich mit einer konstanten, nicht regulierbaren, Geschwindigkeit von 100 Umdrehungen pro Minute. Durch den Kontakt des Pistills mit dem Mahlgut bzw. dem rotierenden Mörser dreht sich dieser automatisch mit. Der schematische Aufbau ist in Bild 4.27 dargestellt.

Abb. 4.27: Schematische Darstellung einer Mörsermühle (A: Mörser, B: Pistill, C: Abstreifer) [RET08]

Der Pistilldruck ist in 11 unterschiedlichen Stufen von 0 bis 10 einstellbar, wodurch der Feinheitsgrad des Mahlgutes beeinflusst wird [RET08]. Das Bild 4.28 zeigt die geöffnete Mörsermühle mit dem Pistill und der Mörserschale.

Abb. 4.28: Blick auf Schale und Pistill der Mörsermühle RM 200 ($V_{Schale} \approx 0,8L$)

Das Volumen der Schale beträgt ca. 0,79 L und der Innendurchmesser an der Schalenoberkante ca. 14 cm. Das Innenraumvolumen der Mörsermühle ist ca. 4,3 L groß.

4.3.2.5 Tabletten

Tabletten dienen der oralen Darreichung von festen, einzeldosierten Arzneimitteln. Ungefähr 80 % der eingesetzten Arzneimittel sind Tabletten und Kapselpräparate [FB10].
Neben den therapeutischen Wirkstoffen enthalten Tabletten im Normalfall auch Hilfsstoffe und werden aus Pulvern oder Granulaten gepresst. Als Hilfsstoffe werden Füll-, Binde-, Zerfallshilfs- und Schmiermittel eingesetzt, einige Beispiele werden in Tabelle 4.17 aufgeführt [ER87].

Tab. 4.17: Beispiele für Hilfsstoffe in Tabletten und deren Funktion [ER87]

Hilfsstoff	Funktion	typische Beispiele
Füllmittel	Inertes Material zur Auffüllung zum vorgegebenen Volumen	Lactose
		Glucose
		Bolus (weißer Ton, Porzellanerde)
Bindemittel	Bewirken das Zusammenhalten von Pulvern und Granulaten	Cellulose
		wasserfreies Calciumhydrogenphosphat
		Stärke
Zerfallshilfsmittel (Sprengmittel)	Bewirken einen schnellen Zerfall im Magen oder Darmbereich durch schnelle, aber begrenzte Wasseraufnahme	Stärke
		Natriumcarboxymethylstärke
		Polyvinylpyrrolidon
Schmiermittel	Bewirken eine Reduzierung der Reibung beim Pressen der Tabletten	Magnesiumstearat
		Calciumstearat
		Calciumarachinat

Die jeweilige Auswahl der Wirk- und Hilfsmittel und deren Verhältnis ist von diversen Einflüssen abhängig und wird u.a. von der physikalischen und chemischen Kompatibilität der Stoffe untereinander sowie von den Lagerbedingungen beeinflusst [FB10]. Die verwendeten Hilfsstoffe unterstützen die Wirkung und Verfügbarkeit des Arzneistoffs und sorgen für die Stabilität der Tablette. Eine weitere Aufgabe ist die wirtschaftliche Produktion und Verarbeitung der Tabletten. Des Weiteren geben sie der Tablette einen vorbestimmten Aufbau, ein bestimmtes Aussehen und bestimmte Eigenschaften [FB10].

Durch das Granulieren der einzelnen Bestandteile vor dem Tablettieren resultieren eine konstante Tablettenmasse, eine hohe Dosiergenauigkeit und eine einheitliche Korngröße. Beim Tablettieren werden die Bestandteile zwischen zwei Stempeln verpresst [FB10].

In der Tabelle 4.18 ist eine Basismischung für eine Tablette ohne Wirkstoff aufgeführt.

Tab. 4.18: Basismischung einer Tablette ohne Wirkstoff [BFF99]

Phase	Bestandteil mit Beispiel	Anteil
innere	Sprengmittel (Stärke)	10 bis 20%
	Bindemittel (Cellulose)	1 bis 15%
	Füllmittel (Milchzucker)	auf 100%
äußere	Sprengmittel (Stärke)	10%
	Gleitmittel (Talkum)	5 bis 8%
	Schmiermittel (Magnesiumstearat)	0,5 bis 1%

Als innere Phase wird das eigentliche Granulat bezeichnet. Die äußere Phase wird vor der Tablettierung der inneren Phase zugegeben. Das Füllmittel kann, abhängig von der Wirkstoffmenge und den Anteilen der anderen Hilfsstoffe, reduziert werden [BFF99].

Typische Abmessungen von Tabletten liegen beim Durchmesser zwischen 5 mm und 15 mm [FB10, BFF99] und einer Masse von 0,1 g bis 1 g [FB10, ER87].

4.3.2.6 Verwendete Messgeräte

Für die Bestimmung der Partikelanzahlkonzentration wurden das Aerosolspektrometer Modell 1.108, das SMPS Typ 5403 und die Kombination der beiden Geräte, das so genannte „Wide - Range - Aerosolspectrometer" (WRAS) der Firma Grimm verwendet. Die Funktion der Geräte ist ausführlich in Kapitel 3.4 beschrieben.

4.3.3 Versuche - Mörsermühle

4.3.3.1 Vorversuche mit Pulvern

Um den Einfluss der verwendeten automatischen Mörsermühle auf die Messergebnisse genauer zu untersuchen, werden zuerst Vorversuche mit einem standardisierten und bekannten Mörsergut durchgeführt. Hierbei handelt es sich um gemahlenes Kalksteinpulver $CaCO_3$ (Ulmer Weiss XMF) [EM05], dessen Partikelgrößenverteilung durch den Massenmedianwert $x_{50,3}$ = 3 µm charakterisiert wird.

Als Messgerät wird das Aerosolspektrometer Modell 1.108 alleine eingesetzt. Ziel ist es, Einflüsse auf die Messergebnisse, wie z.B. Pistilldruck und Menge des Mahlgutes, festzustellen. Dafür wurde der Auswertemodus des Messgerätes auf die drei arbeitsmedizinischen Fraktionen inhalativ, thorakal und alveolengängig eingestellt.

Bei den Vorversuchen war die Zeittaktung der Messung bei allen Versuchen auf sechs Sekunden eingestellt. Die Mahldauer betrug bei diesen Versuchen 10 Minuten. Das

Messgerät lief noch zwei Minuten länger, um das Abklingverhalten beurteilen zu können. Bei allen Versuchen sind die Temperatur und Feuchte vor Beginn der Messung in unmittelbarer Nähe der Mörsermühle bestimmt worden.

Zuerst wurden drei Mengen, 0,5 g, 0,7 g und 1 g, des Pulvers „Ulmer Weiß" untersucht. Die Auswahl der Mengen richtete sich nach der Masse handelsüblicher Tabletten. Zu vermuten war, dass je mehr Pulver „Ulmer Weiß" verwendet wird, umso höher die zu messende Massenkonzentration ist.

Bei allen Messungen war der Pistilldruck 0 eingestellt. Die abgewogene Menge des Pulvers wurde mittig unter den Pistill gelegt, die Mühle geschlossen und das Messgerät gestartet. Wenn die Messwerte kleiner 0,01 mg pro m³ waren, konnte mit dem Mahlprozess begonnen werden. Die in Bild 4.29 aufgeführten Messergebnisse bestätigten die Hypothese, dass mehr Pulver eine höhere zu messende Massenkonzentration ergibt, auch wenn es bei einem Teil der Messkurven Überschneidungen der Messbereiche gibt. Die Berechnungen der Gesamtmassenkonzentrationen haben ergeben, dass die genannte Hypothese bestätigt wird. Die Abszisse ist die Zeit t in Minuten, die Ordinate zeigt die Massenkonzentration c in mg pro m³ und die Scharparameter die Messbereiche bei den unterschiedlichen Pulvermengen. Zur besseren Übersicht sind nur die Messbereiche inhalativ, in welchem die anderen Fraktionen enthalten sind, und der alveolengängige Bereich dargestellt.

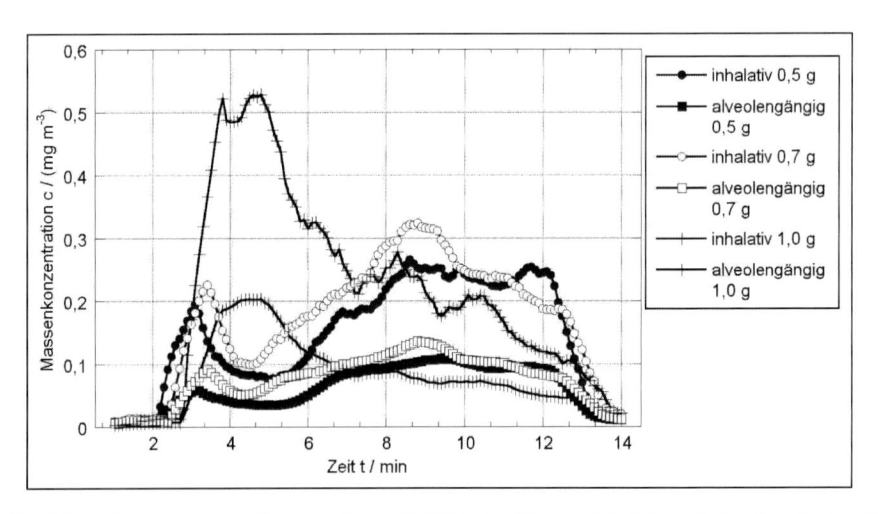

Abb. 4.29: Massenkonzentration von „Ulmer Weiß" in den Klassen inhalativ und alveolengängig mit 3 unterschiedlichen Massen

In einem nächsten Schritt wurde der Einfluss des Pistilldrucks auf die Massenkonzentration untersucht. Auch hier bestand die Vermutung, dass mit höherem Pistilldruck eine höhere Massenkonzentration entsteht, da das Pulver feiner gemahlen wird. Es wurden die folgenden Pistilldrücke 0, Stufe 2 und Stufe 4 bei einer Menge von 0,7 g „Ulmer Weiß" untersucht. Diese Messergebnisse sind im Bild 4.30 dargestellt.

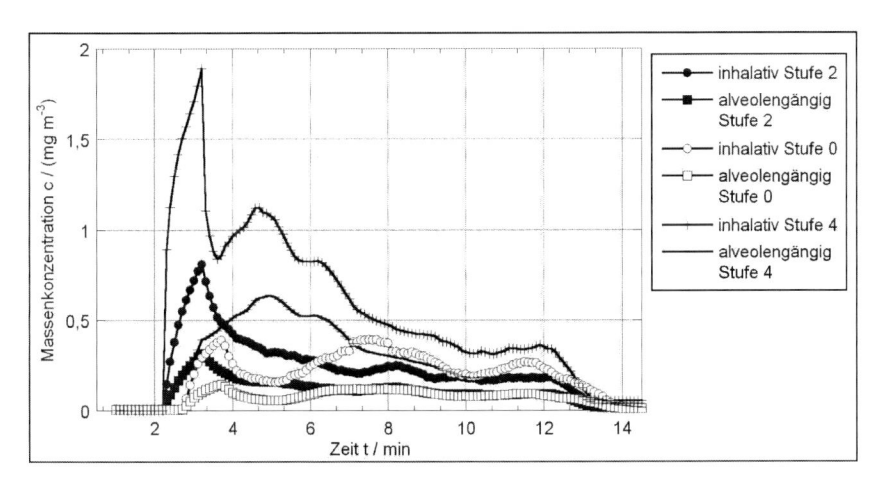

Abb. 4.30: Massenkonzentration von „Ulmer Weiß" in den Klassen inhalativ und alveolengängig bei 3 unterschiedlichen Pistilldrücken

Zu Beginn der Messungen ist die Massenkonzentration bei den drei Versuchen kleiner 0,01 mg pro m³. Ab zwei Minuten, mit dem Start des Mahlprozesses, steigen alle Messkurven unterschiedlich stark an, abhängig vom Pistilldruck und dem Messbereich. Bei dem Pistilldruck „kleiner Null" zeigen die Messkurven einen wellenförmigen Verlauf. Bei den beiden anderen Pistilldrücken 2 und 4 fallen die Messkurven nach dem Anstieg kontinuierlich. Nach zehn Minuten am Ende des Mahlprozesses, sinken alle Messkurven deutlich ab und haben nach der Wartezeit von zwei Minuten fast die Ausgangskonzentration erreicht. Dies bedeutet, dass während des Mahlprozesses kontinuierlich Partikeln freigesetzt werden. Die Massenkonzentration wird sowohl durch den Pistilldruck als auch durch die Menge des Mahlgutes beeinflusst. Die Temperatur und die Feuchte der Umgebung haben bei diesen Versuchen keinen Einfluss auf die Messergebnisse.

Im Anschluss wurden Versuche mit dem WRAS - System und unterschiedlichen Pulvern durchgeführt. Auf die Darstellung der Messwerte wird an dieser Stelle verzichtet, da nicht die Pulver sondern das Mörsern von Tabletten für die spätere Expositionsabschätzung von Bedeutung ist. Die Messergebnisse haben gezeigt, dass auch nanoskalige Partikeln beim Mörsern von Pulvern freigesetzt werden. Aus diesem Grund werden die Versuche mit Tabletten anzahlbezogen erfolgen und mit dem WRAS - System durchgeführt.

4.3.3.2 Versuche - Tabletten

Für die nächsten Versuche wurden zehn unterschiedliche Tablettensorten u.a. nach den folgenden Kriterien ausgesucht:

- Größe, Form und Hersteller
- gleiches Medikament, aber unterschiedliche Wirkstoffmenge bzw. andere Hersteller
- gleiche Medikamentengruppe, unterschiedliche Präparate

Die Tabelle 4.19 zeigt die ausgewählten Tabletten mit den folgenden Angaben: Produktname, Größe, Gewicht, Wirkstoffmenge und der ermittelte Pistilldruck, bei dem die Tablette zerbricht. Dafür wurden diese sowohl mit der Mörsermühle als auch mit dem Handmörser zerbrochen. Bei dem zuletzt genannten wurde darauf geachtet, dass die Tabletten durch Druck ohne Drehbewegung zerbrachen. Die Mörsermühle startete mit einem Pistilldruck „Null" und wurde bei Bedarf immer um eine Stufe erhöht, so lange bis die jeweilige Tablette zerbrach. Bei der Tablette Clarithromycin 250 war kein Pistilldruck zu bestimmen, da die Tablette unter den gegebenen Bedingungen nicht zerbrach.

Tab. 4.19: Übersicht der verwendeten Medikamente mit spezifischen Angaben

	Bezeichnung Hersteller	Größe l / cm	Form	Masse m / g	Wirkstoffmenge Bezeichnung	Ermittelter Pistilldruck
Schmerzmittel	Ibubeta 400 akut beta pharm	1,5		0,5169	400 mg Ibuprofen	2
	Paracetamol ratiopharm	1,0		0,6412	500 mg Paracetamol	1
	Diclo 25 ct Arzneimittel	0,5		0,1211	25 mg Diclofenac Natrium	3
Antihistaminika	Cetirizin Hexal	1,0		0,1224	10 mg Cetirizin-dihydrochlorid	0
	Cetirizin ratiopharm	0,5		0,1215	10 mg Cetirizin-dihydrochlorid	0
Antibiotika	Clarithromycin 250 AbZ pharma	1,5		0,4453	250 mg Clarithromycin	-
	Penicillin V 1.2 M Stada	2,0		1,0000	708 mg Phenoxymethylpenicillin	0
Antidiabetikum	Metformin 500 AL	1,0		0,5404	500 mg Metforminhydrochlorid	4
	Metformin 1000 1A pharma	2,0		1,3410	1000 mg Metforminhydrochlorid	1
Betablocker	Bisoprolol 2,5 ct Arzneimittel	0,7		0,1696	2,5 mg Bisoprolol	0

Nachdem die Tabletten zerbrochen worden sind, wurden diese rein qualitativ bewertet. Das nachfolgende Bild 4.31 zeigt die zerbrochenen Tabletten von Metformin 1000, links der Handmörser und rechts die Mörsermühle.

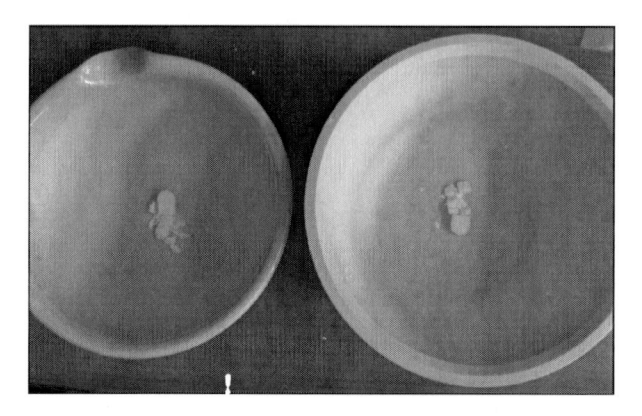

Abb. 4.31: Bruch der Tablette Metformin 1000: links Handmörser, rechts Mörsermühle

Diese Auswertung zeigt exemplarisch, dass mit beiden „Mörsereinheiten" die Tabletten entsprechend zerbrochen werden können.

Um eine Grundlage für die spätere anzahlbezogene Expositionsabschätzung beim Mörsern von Tabletten zu legen, wurden die folgenden Versuche mit der Kombination SMPS und Aerosolspektrometer – dem sog. WRAS der Firma Grimm – durchgeführt. Dieses ermöglicht die Bestimmung der Partikelanzahlkonzentration im Größenbereich von 5 nm bis 20000 nm, das bedeutet, dass sowohl Nanopartikeln als auch größere Partikeln erfasst werden können. Das nachfolgende Bild 4.32 zeigt den Versuchsaufbau mit der Mörsermühle, der Probenentnahmenstelle dem SMPS und dem Aerosolspektrometer.

Abb. 4.32: Mörsermühle (1) mit den Messgeräten SMPS (2) und Aerosolspektrometer (3), dem WRAS - System und der Probenentnahmestelle (4)

Um die Partikeln an der Entstehungsstelle erfassen zu können, wurden zwei Löcher in den Deckel der Mörsermühle gebohrt, durch die Metallröhren führten, die mit flexiblen Kunststoffschläuchen mit den Messgeräten verbunden wurden. Bei der Durchführung der Versuche wurden die Tabletten mittig in die Schale gelegt, der Pistilldruck eingestellt, die Mühle einen Spalt geöffnet und die Messung gestartet. Während dieser Zeit war das Gebläse der Sicherheitswerkbank eingeschaltet, da so verhindert werden konnte, dass Umgebungspartikeln in die Mühle gelangten. Wenn die Messergebnisse der Nullmessung kleiner 50 Partikeln pro cm³ lagen, konnte die Mühle geschlossen, der Mahlprozess gestartet und die Werkbank ausgestellt werden. Die Mahldauer betrug bei diesen Versuchen sechs Minuten. Zusätzlich wurde darauf geachtet, dass der Mahlprozess zu Beginn eines neuen Scans lag.

Die nachfolgende Tabelle 4.20 zeigt die Gesamtanzahlkonzentration c_N pro cm³ für alle zehn Tabletten, einschließlich deren Masse. Der erste Scan stellt die Nullmesuung dar.

Tab. 4.20: Gesamtanzahlkonzentration c_N nach dem Mörsern von Tabletten

Scan Nr.	Zeit t / min:s	Gesamtanzahlkonzentration c_N / cm^{-3}				
	Medikament	Bisoprolol	Cetirizin Hexal	Cetirizin ratiopharm	Clarithromycin	Diclofenac
1	03:50	5	4	0	0	2
2	07:40	84	583	909	621	924
3	11:30	238	1560	1423	2039	2263
4	15:20	278	2240	1648	2886	3060
5	19:10	462	2446	1804	2926	3475
	*	0,1696	0,1224	0,1215	0,4453	0,5000
Nr.	Medikament	Ibubeta	Metformin 500	Metformin 1000	Paracetamol	Penicillin
1	03:50	8	0	4	2	6
2	07:40	290	441	3064	993	66
3	11:30	551	625	4409	357	159
4	15:20	781	846	5598	615	259
5	19:10	801	981	5372	491	434
	*	0,5169	0,5484	1,3410	0,6412	1,0000

* Gewicht der Tablette, angegeben als Masse in Gramm

Der Beginn des Mahlprozesses fällt mit dem zweiten Scan zusammen. Dieses ist deutlich an dem Anstieg der Gesamtanzahlkonzentration der einzelnen Tabletten zu sehen. Die maximalen Werte im zweiten Scan erreicht Metformin 1000, welches auch die größte Masse der untersuchten Tabletten hat mit 3064 Partikeln pro cm³. Den niedrigsten Wert hat Penicillin mit 66 Partikeln pro cm³ bei einem Tablettengewicht von 1 g, die zweitschwerste bei diesen Versuchen. Diese Ergebnisse zeigen, dass die ursprüngliche Masse der Tablette keine Aussage über die zu erwartende Anzahlkonzentration zulässt. Bei den gemörserten Tabletten mit gleichem Wirkstoff und Wirkstoffmenge Cetrizin, aber unterschiedlichen Herstellern, sind deutliche Unterschiede in der Gesamtpartikelanzahlkonzentration zu sehen. Dieses kann durch Unterschiede in der Herstellung und der Zusammensetzung von Wirk- und Hilfsstoffen bei den Tabletten erklärt werden.

Wird die Gesamtanzahlkonzentration auf das jeweilige Tablettengewicht normiert, ändern sich die Werte, aber nicht die Tendenzen. Auffällig ist, dass nach dem Ende des Mahlprozesses, der während des dritten Scans liegt, die Anzahlkonzentration weiter ansteigt. Es liegt die Vermutung nahe, dass bei dem eigentlichen Mahlprozess vor allem kleinste Partikeln freigesetzt werden, die lange in der Luft verweilen.

Die Kurvenverläufe der Messergebnisse lassen sich in zwei Varianten einteilen. Bei der einen werden Partikeln bis ca. 400 nm, bei der anderen werden zusätzlich Partikeln im Bereich zwischen 1000 nm und 10000 nm freigesetzt.

Das Bild 4.33 zeigt exemplarisch für die erste Variante den Kurvenverlauf der Anzahlkonzentration der Tablette Ibubeta bei einem Pistilldruck 2.

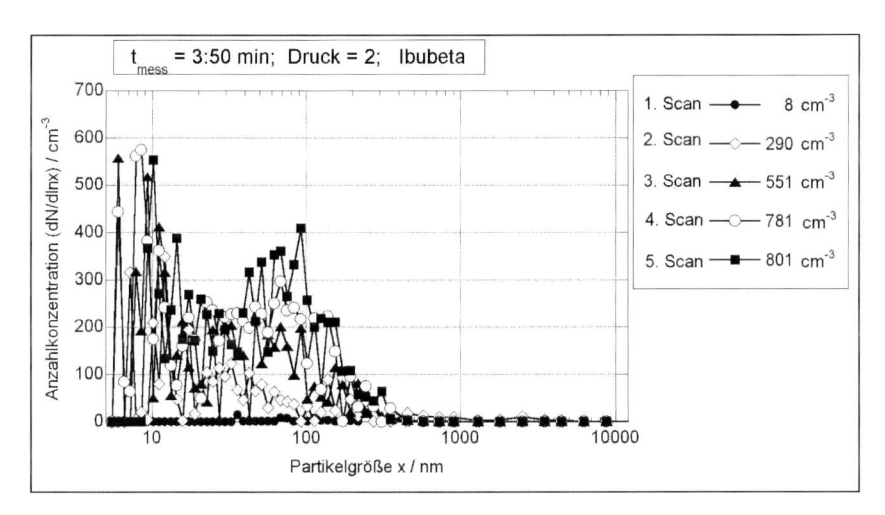

Abb. 4.33: Anzahlkonzentration Ibubeta bei einem Pistilldruck 2

Der erste Scan zeigt die Nullmessung. Während des zweiten und dritten Scans findet der eigentliche Mahlprozess statt. Es werden Partikeln bis zu einer Partikelgröße von 350 nm freigesetzt, die meisten davon zwischen 5 nm und 10 nm. Der größte Teil der Partikeln liegt im Bereich bis 100 nm, also im nanoskaligen Bereich. Die Anzahlkonzentration steigt nach dem Mörsern weiter an, wie auch bei den Werten der Gesamtanzahlkonzentration zu sehen ist.

Die Kurvenverläufe der Tabletten Penicillin, Cetirizin hexal, Metformin 500 und 1000 haben einen weiteren Peak. Exemplarisch zeigt Bild 4.34 Metformin 1000 bei einem Pistilldruck 1.

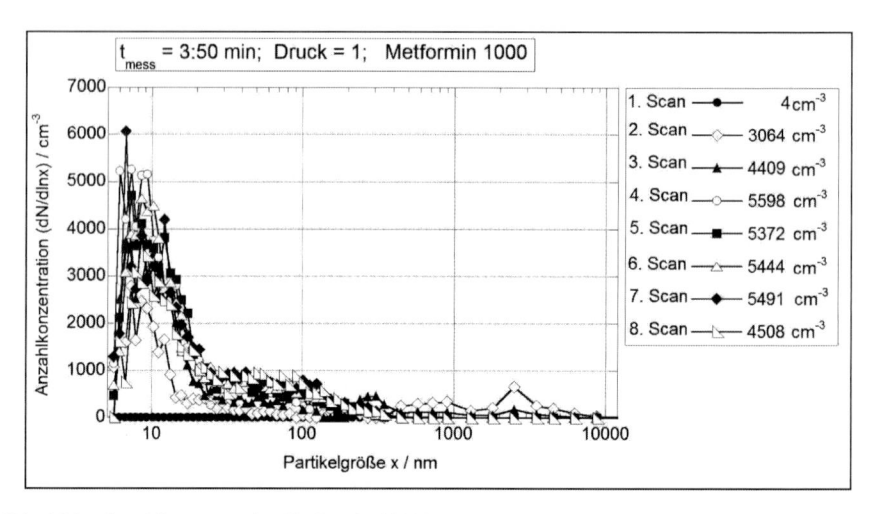

Abb. 4.34: Anzahlkonzentration Metformin 1000 bei einem Pistilldruck 1

Bei den genannten Tabletten werden Partikeln über den gesamten Messbereich freigesetzt, wobei der Hauptanteil bis 100 nm liegt. Das Maximum ist zwischen 5 nm und 10 nm. Des Weiteren haben diese Messkurven einen zusätzlichen Peak zwischen 1000 nm und 10000 nm. Ab einem Größenbereich von 500 nm fallen die Kurven nach dem Mahlprozess.

Die nachfolgende Tabelle 4.21 zeigt die Medianwerte $x_{50,0}$ der gemörserten Tabletten. Es werden die Werte der ersten vier Scans angegeben, da für die spätere Expositionsabschätzung der eigentliche Mahlprozess (2. und 3. Scan) von Bedeutung ist.

Tab. 4.21: Medianwerte $x_{50,0}$ der gemörserten Medikamente

Scan	Zeit t / min:s	Medianwerte $x_{50,0}$ / nm				
Nr.	Medikament	Bisoprolol	Cetirizin Hexal	Cetirizin ratiopharm	Clarithromycin	Diclofenac
1	03:50	146	13	470	12	91
2	07:40	30	60	14	12	17
3	11:30	30	72	19	14	14
4	15:20	39	49	22	18	13
Nr.	Medikament	Ibubeta	Metformin 500	Metformin 1000	Paracetamol	Penicillin
1	03:50	106	586	115	151	68
2	07:40	25	32	11	38	652
3	11:30	23	20	11	15	75
4	15:20	28	21	10	13	30

Bei der Auswertung der Medianwerte wird die Nullmessung (1. Scan) nicht bewertet, da erst der Mahlprozess von Bedeutung ist. Bei dem Start des Mahlprozesses (2.Scan) fallen die Werte im Vergleich zur Nullmessung auf kleiner 40 nm. Die Ausnahme ist Penicillin mit 652 nm. Auch sonst sind die Medianwerte bei den einzelnen Tabletten in der gleichen Größenordnung. Das bedeutet, dass durch das Mörsern von Tabletten vor allem nanoskalare Partikeln freigesetzt werden. Die Modalwerte sind in der Tabelle 4.22 dargestellt.

Tab. 4.22: Modalwerte x_{mod} der gemörserten Medikamente

Scan	Zeit t / min:s	Modalwerte x_{mod} / nm				
Nr.	Medikament	Bisoprolol	Cetirizin Hexal	Cetirizin ratiopharm	Clarithromycin	Diclofenac
1	03:50	92	13	450	7	92
2	07:40	13	15	11	6	6
3	11:30	8	7	9	7	6
4	15:20	15	8	6	9	9
Nr.	Medikament	Ibubeta	Metformin 500	Metformin 1000	Paracetamol	Penicillin
1	03:50	36	450	57	154	47
2	07:40	9	15	7	39	215
3	11:30	6	9	7	6	15
4	15:20	6	7	6	6	12

Auch bei der Auswertung der Modalwerte wird die Nullmessung (1. Scan) nicht bewertet, da der Mahlprozess von Bedeutung ist. Bei den meisten Tabletten sind die Modalwerte kleiner oder gleich 15 nm, außer Penicillin mit 215 nm im 2. Scan und bei Paracetamol mit 39 nm ebenfalls im 2. Scan. Auch die Modalwerte zeigen, dass vor allem nanoskalare Partikeln beim Mörsern freigesetzt werden.

4.3.3.3 Mörsern von zwei gleichen Tabletten

In einem weiteren Schritt wird untersucht, welchen Einfluss die Mahlgutmenge – hier 2 Tabletten – auf die Anzahlkonzentration hat. Basierend auf den Versuchen mit dem Pulver „Ulmer Weiß" ist davon auszugehen, dass mehrere Tabletten eine höhere Partikelanzahlkonzentration erzeugen. Exemplarisch werden die Messergebnisse von Cetirizin Hexal für eine und zwei Tabletten in den Bildern 4.35 und 4.36 dargestellt.

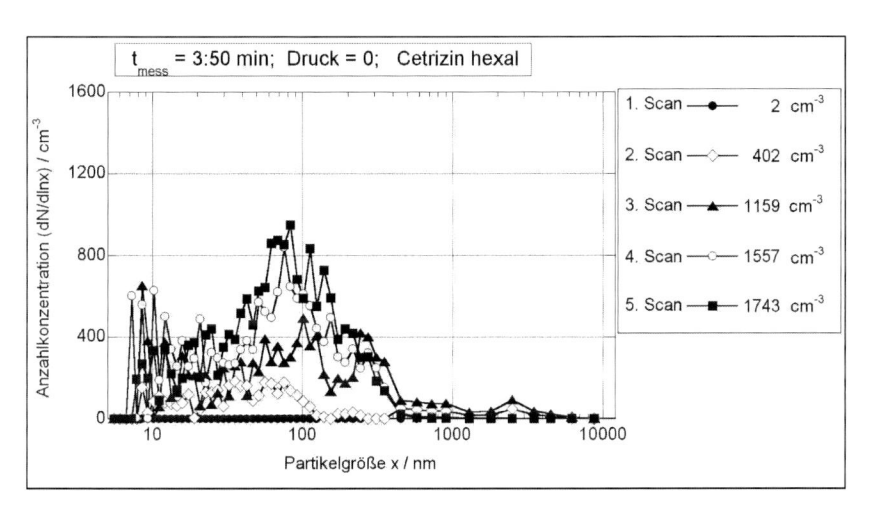

Abb. 4.35: Anzahlkonzentration Cetrizin hexal, eine Tablette

Wie vermutet, ist die gemessene Partikelkonzentration bei zwei Tabletten höher als bei einer. Der Faktor zwischen den gemessenen Gesamtanzahlkonzentrationen liegt zwischen 1,1 und 1,5, wobei sich die Werte langsam annähern. Der Hauptanteil der Partikeln wird in einem Größenbereich von 5 nm bis 400 nm freigesetzt, ein zusätzlicher Peak befindet sich zwischen 1000 nm und 10000 nm. Auffällig ist, dass bei zwei Tabletten deutlich mehr Partikeln im Bereich von 5 nm und 10 nm freigesetzt werden als bei einer.

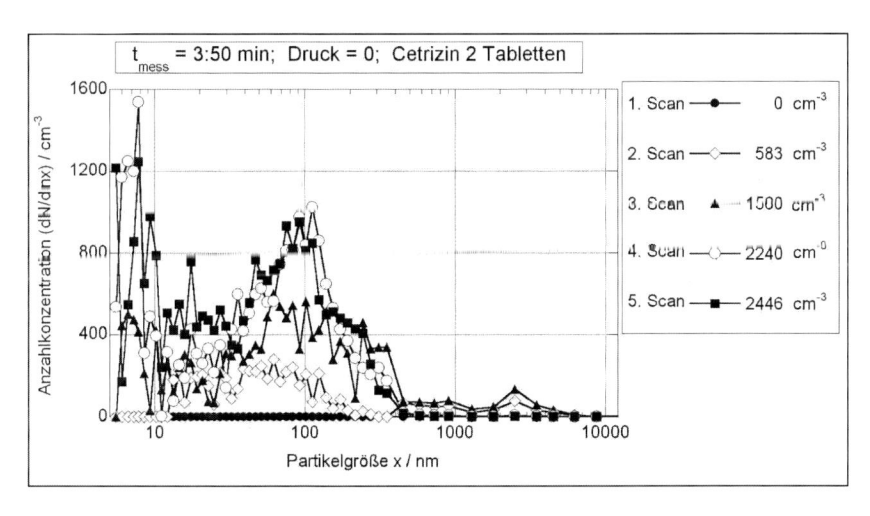

Abb. 4.36: Anzahlkonzentration Cetrizin hexal, zwei Tabletten

4.3.3.4 Gleichzeitiges Mörsern von verschiedenen Tabletten

Im Pflegealltag werden die Tabletten in der Zusammenstellung gemörsert, wie diese benötigt werden. Es ist exemplarisch in der Mörsermühle überprüft worden, welche Auswirkungen das gleichzeitige Mörsern verschiedener Medikamente hat. Das nachfolgende Bild 4.37 zeigt die Tabletten Cetirizin ratiopharm, Paracetamol und Penicillin bei dem Druck Null.

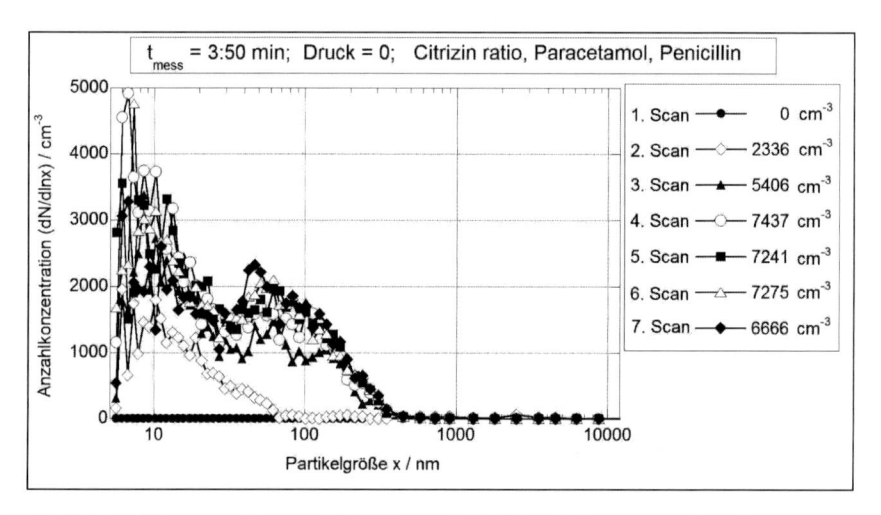

Abb. 4.37: Anzahlkonzentration von drei Tabletten Citirizin hexal, Paracetamol, Penicillin

Wie zu vermuten, ist die Gesamtanzahlkonzentration höher, als wenn nur eine Tablette gemörsert wird. Mit dem Beginn des Mahlprozesses steigt die Anzahlkonzentration deutlich an, wobei Partikeln bis 400 nm freigesetzt werden. Das Maximum liegt zwischen 5 nm und 10 nm, fällt dann und besitzt einen zweiten Peak bei ca. 50 nm.

Die nachfolgende Tabelle 4.23 stellt die Medianwerte und die Modalwerte der zwei bzw. drei gemörserten Tabletten dar.

Tab. 4.23: Median- $x_{50,0}$ und Modalwerte x_{mod} für zwei und drei gemörserte Tabletten

Zeit t / min:s	Medianwerte $x_{50,0}$ / nm		Modalwerte x_{mod} / nm	
Medikament	2 Tabl. Cetirizin hexal	3 Tabl. Cetirizin hexal; Paracetamol; Penicillin	2 Tabl. Cetirizin hexal	3 Tabl. Cetirizin hexal; Paracetamol; Penicillin
03:50	456	0	450	0
07:40	63	13	14	6
11:30	76	20	8	9
15:20	51	16	7	6

Die berechneten Daten zeigen, dass die Mahlgutmenge bzw. die Anzahl der Tabletten keinen Einfluss auf die Median- bzw. Modalwerte haben. Die Werte von zwei Cetirizin hexal Tabletten entsprechen fast denen einer gemörserten Tablette.

Das bedeutet, dass die Mahlgutmenge bei den gemörserten Tabletten nur Einfluss auf die gemessene Anzahlkonzentration hat.

4.3.4 Weitere Betrachtungen der Messergebnisse

Warum die Anzahlkonzentration nach dem eigentlichen Mahlprozess weiter ansteigt, lässt sich nicht endgültig beantworten. Es können lediglich einige Vermutungen dargelegt werden, die teilweise durch weitere Versuche mit dem CPC untersucht worden sind. Wird die Mühle vor den Versuchen nicht ausreichend belüftet, liegt eine Partikelkonzentration von ca. 4000 Partikeln pro cm³ in dieser vor. Dieses entspricht in etwa den Werten der Umgebung, die zwischen 5800 Partikeln und 7900 Partikeln pro cm³ liegen. Wird nun versucht, die Partikelkonzentration der nicht in Betrieb befindlichen Mühle mit Hilfe des CPC auf unter 100 Partikeln pro cm³ zu senken, gelingt dieses nicht. Die Partikelanzahlkonzentration konnte um die Hälfte verringert werden. Es liegt die Vermutung nahe, dass Umgebungspartikeln in die Mühle gelangen. Um den Einfluss der Umgebung zu reduzieren, wurde der Versuch mit eingeschaltetem Gebläse der Werkbank wiederholt, da so nahezu keine Partikeln mehr in der Umgebung vorhanden sind. Zuvor wurde die Mühle mit einer Folie verschlossen, um das Eindringen der Umgebungsluft zu verhindern.

Mit dem Start der Messung wurde die Mühle abgedeckt. Diese Messung zeigt, dass das Gebläse der Sicherheitwerkbank, mit einem Volumenstrom von 2880 m³ h^{-1}, nach kurzer Zeit die Partikeln aus der Mühle verdrängt, hat und diese kaum mehr nachweisbar sind. Um dieses zu verdeutlichen, wurde ein weiterer Versuch durchgeführt. Die Messung mit dem CPC wurde gestartet und 15 Minuten gewartet, um festzustellen, welche Partikelkonzentration dann in der Mühle vorliegt. Diese lag bei ca. 1700 Partikeln pro cm³.

Wird nun das Gebläse der Sicherheitswerkbank eingeschaltet, so fällt in kurzer Zeit die Partikelkonzentration unter 40 Partikeln pro cm³. Das Messergebnis ist in Bild 4.38 dargestellt.

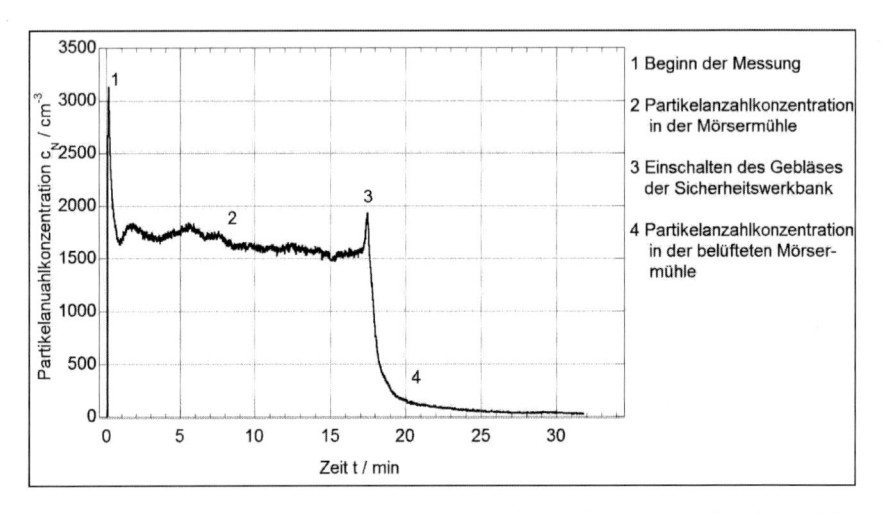

Abb. 4.38: CPC-Messung der Partikelanzahlkonzentration ohne und mit eingeschalteter Sicherheitswerkbank

Legende:
1 Beginn der Messung
2 Partikelanzahlkonzentration in der Mörsermühle
3 Einschalten des Gebläses der Sicherheitswerkbank
4 Partikelanzahlkonzentration in der belüfteten Mörsermühle

Das Verdrängen der Partikeln aus der Mühle durch die weniger mit Partikeln belastete Luft der Sicherheitswerkbank bedeutet, dass Luft von außerhalb der Mühle während des Messvorgangs in die Mühle gelangen kann.

In einem weiteren Versuch wird der Einfluss der Mühle selbst überprüft. Um Veränderungen besser feststellen zu können, werden diese Versuche ebenfalls mit dem CPC durchgeführt. Zu Beginn wird die Mühle ausreichend belüftet, dann die Messung und der Mahlprozess gestartet. Während des Versuches befindet sich keine Tablette in der Mühle, der Pistill und der Abstreifer berühren die Mörserschale nicht. Die gemessenen Werte lagen bei ca. 1800 Partikeln pro cm³. Das bedeutet, dass der Einfluss der laufenden Mühle gering ist.

In einem weiteren Schritt wird die Verweildauer der Partikeln in der Mörsermühle berechnet. Dafür wird zur Näherung eine laminare Strömung um die Partikeln angenommen. Für die Dichte wird der Wert von 1500 kg m^{-3} gewählt, da diese denen von Sacharose, Lactose und Glucose entspricht, welche u.a. als Füllstoffe bei Tabletten verwendet werden (vgl.Tab.4.17). Die Partikeln mit einem Durchmesser von 50 nm verweilen ca. 102 Stunden in der Mühle, bei einem Durchmesser von 400 nm ca. 1,5 Stunden.

Es liegt die Vermutung nahe, dass die Gesamtanzahlkonzentration nach dem Mahlprozess aus den folgenden Gründen steigt:
Die Mühle ist teilweise undicht, hierdurch können zu einem Teil die Umgebungspartikeln in diese gelangen.
Des Weiteren ist zu vermuten, dass die freigesetzten nanoskaligen bzw. ultrafeinen Partikeln sich nach dem eigentlichen Mahlprozess aufgrund von Diffusion und Konvektion in der Mühle weiter verteilen können.

4.3.5 Handmörser

Um die Vergleichbarkeit zwischen der automatischen Mörsermühle und dem Handmörser zu belegen, wurden Versuche mit diesem im Modellraum (siehe Abschnitt 4.2.3) und dem SMPS durchgeführt. Durch die Belüftungsmöglichkeit des Versuchsraums konnte gewährleistet werden, dass die gemessene Anzahlkonzentration durch das Mörsern der Tablette entstanden ist. Nachdem die Gesamtpartikelanzahlkonzentration kleiner 150 Partikeln pro cm³ war, wurde während des dritten Scans 30 Sekunden mit dem Handmörser die Tablette Metformin 1000 zerkleinert. Während dieser Zeit war die Seitentür des Modellraumes geöffnet, danach geschlossen. Das Bild 4.39 zeigt das Messergebnis des Versuchs mit dem Handmörser. Wenn Tabletten mit einem Handmörser zerkleinert werden, ist der Feinheitsgrad des Mahlgutes vom ausgeübten Druck der durchführenden Person abhängig.

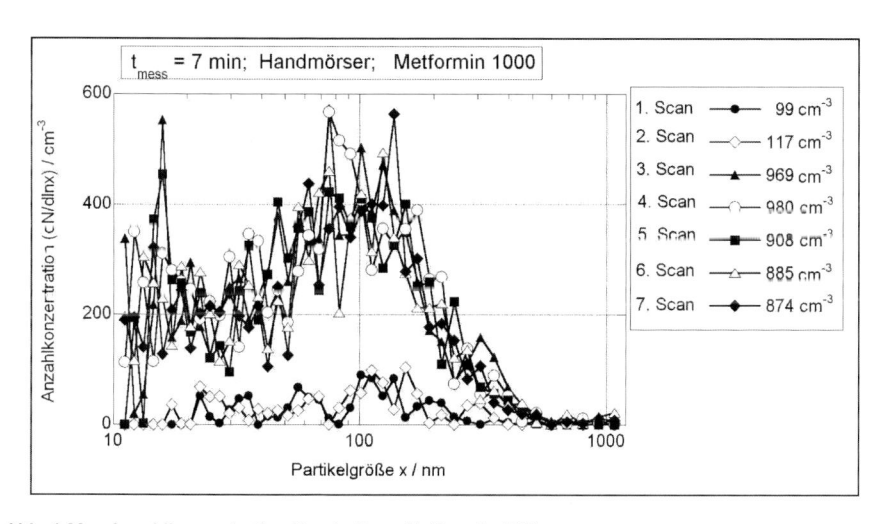

Abb. 4.39: Anzahlkonzentration Handmörser Metformin 1000

Die ersten zwei Scans zeigen die durchgeführte Nullmessung des Versuches. Durch das Mörsern der Tablette kommt es zu einem deutlichen Anstieg der Anzahlkonzentration im 3. Scan, wobei das Maximum bei einer Partikelgröße um 100 nm liegt. In den nachfolgenden Scans fällt die Anzahlkonzentration kaum. Die Gesamtanzahlkonzentration dN liegt bei ca. 900 Partikeln pro cm^3 während der Messzeit. Das bedeutet, dass auch durch das Handmörsern nachweislich Nanopartikeln freigesetzt werden, die lange in dem Modellraum verbleiben. Durch diese Versuche konnte gezeigt werden, dass bei dem Mörsern von Tabletten nanoskalige Partikeln freigesetzt werden. Dieses ist unabhängig von der Nutzung eines Handmörsers oder einer automatischen Mörsermühle. Die gemessene Gesamtanzahlkonzentration ist abhängig von der Mahldauer, dem Pistilldruck und dem Modellraum bzw. Innenraumvolumen der Mühle.

Um den Einfluss des geöffneten Seitenfensters während des Versuches zu überprüfen, wird eine Messung ohne Tablette durchgeführt. Dafür wird der Modellraum wie zuvor belüftet und der zu vor beschriebene Versuch ohne Tablette durchgeführt. Diese Messung zeigt, dass die Gesamtkonzentration pro cm^3 während des „theoretischen Mörsern" von 155 Partikeln pro cm^3 auf 429 Partikeln pro cm^3 ansteigt, um während der nächsten Scans wieder kontinuierlich zu fallen. Das bedeutet, dass durch das geöffnete Fenster und der Armbewegung auch Partikeln freigesetzt bzw. aufgewirbelt werden können. Diese Werte liegen aber deutlich unter denen die durch das Handmörsern von Tabletten freigesetzt werden. Dies bedeutet, dass der Versuchsaufbau einen geringen Einfluss auf die Messergebnisse hat. Diese Einflussfaktoren treten auch beim Mörsern von Tabletten in der Praxis auf.

4.3.6 Zusammenfassung der Mörserversuche

Abschließend werden die wichtigsten Ergebnisse der Mörserversuche zusammengefasst. Aus den Vorversuchen beim Mörsern von Pulvern konnten die folgenden Erkenntnisse gewonnen werden: Die Höhe der Massenkonzentration ist abhängig von der Mahlgutmenge und dem eingestellten Pistilldruck der Mühle, die Feuchte (bei den Messungen zwischen 38,8 % und 43,0 %) und die Temperatur (bei den Messungen zwischen 20,5°C und 25,0°C) der Umgebung haben hingegen keinen Einfluss. Es wurde die Hypothese bestätigt, dass, je höher die Mahlgutmenge bzw. der Pistilldruck ist und je länger die Mahldauer ist, umso höher ist die zu messende Massenkonzentration. Zusätzliche Versuche mit dem Wide - Range - Aerosolspectrometer (WRAS) haben gezeigt, dass beim Mörsern von Pulvern nanoskalige Partikeln freigesetzt werden, so dass die nachfolgenden Versuche mit den Tabletten mit dem WRAS durchgeführt worden sind.

Zu den Mörserversuchen mit den Tabletten ist folgendes festzuhalten. Die Nutzung einer automatischen Mörsermühle ist sinnvoll, da die individuellen Einflüsse deutlich reduziert werden konnten und die Versuchsergebnisse reproduzierbar sind. Die Existenz dieser Einflüsse wurde durch die Messung ohne Tablette belegt. Es hat sich gezeigt, dass ein deutlicher Anstieg der Partikelanzahlkonzentration während des Mahlprozesses nachzuweisen ist. Es ist nicht möglich von dem Ausgangsgewicht der Tabletten eine Vorhersage der zu erwartenden Anzahlkonzentration zu treffen. Als Beispiel dient Penicillin, es ist die zweit schwerste, der untersuchten Tabletten und hat die niedrigste Gesamtanzahlkonzentration. Die Median- und Modalwerte liegen deutlich im nanoskaligen Bereich. Das bedeutet, dass die Partikeln auf Grund ihrer Größe tief in die Atemwege gelangen können.

Werden mehrere Tabletten gleichzeitig gemörsert, ist eine deutlich höhere Partikelanzahlkonzentration zu messen als bei nur einer Tablette. Dieses ist auch bei den Pulvermessungen zu erkennen. Bei dem Mörsern von Tabletten werden vor allem Partikeln im nanoskaligen Bereich freigesetzt. Die Median- und Modalwerte verändern sich bei der Änderung der Mahlgutmenge kaum. Es konnte der Nachweis erbracht werden, dass mit einem Handmörser die Tabletten vergleichbar zerbrachen, wie mit der Mörsermühle. Ebenfalls zeigte sich ein deutlicher Anstieg der Partikelanzahlkonzentration während des Handmörserns im Modellraum. Auch dieses Ergebnis zeigt, dass die Nutzung einer Mörsermühle sinnvoll ist, da bei dem Mörsern von Hand die individuellen Einflüsse relativ groß sind.

Bei der abschließenden Expositionsabschätzung muss berücksichtigt werden, dass keine Aussage möglich ist, wie viel Wirkstoff bzw. Hilfsstoff bei der gemessenen Anzahlkonzentration vorliegt.

5 Expositionsabschätzung

5.1 Einführung in die Expositionsabschätzung

Ziel des nachfolgenden Kapitels ist es, eine Abschätzung der Exposition für die Mitarbeiter bei der Nutzung von Haarspray in Friseursalons und dem Mörsern von Tabletten in z.b. Krankenhäusern oder Apotheken zu geben, um so eine Grundlage für die Gefährdungsbeurteilung an diesen Arbeitsplätzen zu legen.

Bei dem Umgang mit Haarspray und dem Mörsern von Tabletten ist die Exposition u.a. von folgenden Faktoren abhängig: Sprüh- bzw. Mörserdauer, Expositionsdauer und -häufigkeit, Zusammensetzung des Stoffes und mögliche Luftaustauschrate für den betreffenden Raum. Indirekt haben persönliche Faktoren wie Atemvolumen und Nasen- oder Mundatmung Einfluss darauf, inwieweit ein Stoff inkorporiert werden kann.

Es hat sich gezeigt, dass die üblichen Angaben für luftgetragene Stoffe in der Einheit Masse pro Volumen für nanoskalare Partikeln nur bedingt anwendbar sind [SUVA09, WBDMSF12]. Auch die Grenzwerte für Feinstaub, der für die einatembare Fraktion bei 10 mg m^{-3} und für die alveolengängige Fraktion bei 3 mg m^{-3} liegt [TRGS900], wird massenbezogen angegeben, wobei die genannten Grenzwerte keine Anwendung bei ultrafeinen Partikeln haben, da diese explizit ausgeschlossen wurden. Bei den meisten herkömmlich verwendeten Expositionsmodellen wird die Masse bzw. der Massenanteil der einzelnen Komponenten pro m³ Luft als Rechnungsgrundlage verwendet [EIC08, KOC12]. Für nanoskalige Partikeln ist diese Art der Expositionsbetrachtung unzureichend, da diese Partikeln kaum Masse haben. Bei den Versuchen mit Haarspray liegen die freigesetzten Partikeln in einem Größenbereich von 40 nm bis 1000 nm, bei den gemörserten Tabletten in einem Bereich von 5 nm bis 800 nm. Dieser Größenbereich liegt nicht ausschließlich im Bereich von Nanopartikeln bzw. ultrafeinen Partikeln, sondern geht deutlich darüber hinaus. Die Messungen haben gezeigt, dass der größte Teil der freigesetzten Partikeln im Bereich um 100 nm liegt und somit im Definitionsbereich von Nanopartikeln bzw. ultrafeinen Partikeln, so dass die Abschätzung für die Exposition anzahlbezogen erfolgen sollte. Im weiteren Verlauf wird keine Aussage über die zusätzlichen Belastungen wie Toxizität oder andere gesundheitliche Risiken, wie z.B. Allergien oder Sensibilisierung, für die Mitarbeiter gemacht.

Um eine Grundlage für die zutreffende Expositionsabschätzung zu erhalten, werden als Vergleichsgrößen vier Inhalationssprays in der Anzahlkonzentration, der Verweildauer und der Partikelgrößenverteilung im Modellraum untersucht. Der dabei zu Grunde liegende Ansatz ist, dass die Inhalationssprays gewollt tief in die Atemwege, ggf. bis in die Alveolen, eindringen sollen. Deshalb ist zu vermuten, dass diese Sprays ihren Schwerpunkt der Partikelanzahl im Bereich von nanoskaligen Partikeln haben. Bei den nachfolgenden Versuchen wird diese These mit vier unterschiedlichen Inhalationssprays exemplarisch überprüft. Versprüht werden zwei Hübe des jeweiligen Sprays, da das eine

Dosierung ist, die meistens verordnet wird. Durch diese Versuche ist es möglich, die gemessenen Daten von Haarspray und den gemörserten Tabletten neu zu beurteilen und zu klassifizieren. Aus diesem Grunde werden die Inhalationssprays mit der gleichen Messtechnik, dem SMPS - System und dem WRAS - System, untersucht.

5.2 Versuche mit Inhalationsspray

5.2.1 Grundlagen der Inhaltionsspraytechnik

Das Inhalieren von Gasen und Dämpfen diente bereits im Altertum der medizinischen Behandlung von Atemwegserkrankungen. Die hierbei verwendeten Stoffe müssen gasförmig oder verdampfbar sein [BFF99].

Wenn der zu applizierende Wirkstoff diese Eigenschaften nicht aufweist, muss dieser durch Druck zerstäubt werden und wird in Spray- oder Aerosolform verabreicht [BFF99]. Der Hauptwirkungsbereich von Dämpfen liegt mit einer Tröpfchengröße von > 30 µm im Bereich des Hals - Nasen - Rachen - Raumes und dem Kehlkopf. Aerosole wirken mit einer Tröpfchengröße von 10 µm bis 30 µm bevorzugt im Bereich der Luftröhre und der Bronchien [GB10]. Moderne Pulverzerstäuber erzeugen maximale Partikelgrößen von um 10 µm und können somit in den Bereich der Lungenalveolen gelangen [BFF99].

Unter Berücksichtigung der Abscheidevorgänge im Atemtrakt und den Einflüssen der Anwender bei der Nutzung wird in der Medizintechnik davon ausgegangen, dass in der Regel höchstens 10 % bis 20 % des Aerosols in die Alveolen gelangen [BFF99]. Diese Angabe ist wahrscheinlich anzahlbezogen, da in dem betreffenden Abschnitt sich nur auf die Partikelanzahl bezogen wird. Dieses konnte aber nicht eindeutig geklärt werden.

Es existieren drei Arten der Aerosolerzeugung bei Inhalationssprays:

- Druckgas
- Pumpzerstäuber
- Pulverzerstäuber

Im Bild 5.1 sind ein Druckgasinhalationsspray und ein Pumpzerstäuber der verwendeten Inhalationssprays abgebildet.

Abb. 5.1: Zwei Beispiele für Inhalationssprays; Druckgasinhalationsspray Beclometason (li.) und Pumpzerstäuberinhalationsspray Berudual (re.)

Das Prinzip bei Druckgasaerosol- und Pumpzerstäuberinhalationssprays entspricht dem im Kapitel 4.2.2 beschriebenen Prinzip bei Haarsprays. Ein Beispiel für ein Inhalationsspray mit einer Druckgaspatrone ist das Spray Salbutamol.

Bei Pulverzerstäubern werden zwei Prinzipien unterschieden. Die einen besitzen ein Reservoir, z.B. eine Hartgelatinekapsel, die den feinpulvrigen Wirkstoff enthält. Beim zweiten Typ befindet sich der Wirkstoff in Blistern. Das grundsätzliche Funktionsprinzip ist bei beiden Typen gleich. Nach dem Freisetzen des Wirkstoffes wird das Pulver durch einen vom Anwender erzeugten Luftsog oder Atemzug so in der Luft verteilt, dass ein Pulveraerosol entsteht. Hierbei sollte die maximale Partikelgröße um 10 µm liegen, so dass es leicht inhalierbar ist und bis in die Bronchien gelangen kann [BFF99].

5.2.2 Messungen von Inhalationssprays

Im Modellraum wurden Versuche exemplarisch mit insgesamt vier Inhalationssprays, davon ein Placebo und drei Medikamentensprays durchgeführt. Die nachfolgende Tabelle 5.1 zeigt die verwendeten Sprays mit dem jeweiligen Anwendungsgebiet und dem Hersteller. Bei der Auswahl wurden zwei unterschiedliche Sprayverfahren, einmal die

Druckgaspatrone und das andere Mal der Pulverzerstäuber und verschiedene Anwendungsgebiete gewählt.

Tab. 5.1: Verwendete Inhalationssprays

Nr.	Hersteller	Sprayname	Wirkstoff pro Hub	Anwendungsgebiet
1	Boehringer Ingelheim	Placebo Respimat	Wässrige Placebo Lösung	Keine spezifische Anwendung
2	STADApharm	Salbutamol STADA N	0,10 mg Salbutamol	Asthma bronchiale, chron. Bronchitis
3	Ratiopharm	Beclometason ratiopharm 0,10 mg Dosieraerosol	0,10 mg Beclometasondipropionat	Asthma, allerg. Rhinitis, Sinusitis, Antiphlogistikum
4	Boehringer Ingelheim	Berodual Respimat	20 µg Ipratropiumbromid 50 µg Fenoterolhydrobromid	Asthma, chron. obstruktive Lungenerkrankung (COPD), chron. Bronchitis

Quellen: 1) [BI12]; 2) [SP09]; 3) [RP07]; 4) [BI11]

Durchgeführt wurden die Messungen aus Vergleichsgründen sowohl mit dem SMPS – System als auch mit dem WRAS - System, da so eine Grundlage für die weitere Auswertung der Haarspray- und Mörserversuche gelegt werden konnte.

Verwendet wurde der Modellraum, der in Abschnitt 4.2.3.1 ausführlich beschrieben ist. Dieser stand unter dem Gebläse der Sicherheitswerkbank, so dass eine ausreichende Belüftung gewährleistet war. Wenn bei der Nullmessung die Partikelanzahlkonzentration kleiner als 150 Partikeln pro cm³ war, konnte mit der eigentlichen Messung begonnen werden. Bei geöffnetem Seitenfenster wurden 2 Hübe des jeweiligen Sprays in die Nähe der Messsonde versprüht, dann das Fenster geschlossen. Der Ventilator im Modellraum lief nur 15 Sekunden bevor die eigentliche Messung gestartet wurde. Die nachfolgende Tabelle 5.2 zeigt eine Übersicht der Gesamtanzahlkonzentration c_N pro cm³ der Sprays einmal für die SMPS und einmal für die WRAS - Messungen. Trotz der unterschiedlichen Messzeitintervalle und der verschiedenen Messbereiche sind die Gesamtanzahlkonzentrationen in den Tendenzen gleich.

Tab. 5.2: Übersicht der Gesamtanzahlkonzentration c_N der verwendeten Inhalationssprays

Zeit t / min:s	Scan Nr.	\multicolumn{4}{c}{Gesamtanzahlkonzentration c_N / cm^{-3}}
WRAS	**Nr.**	**Salbutamol**	**Beclometason**	**Berodual**	**Placebo**
03:50	1	28586	146480	17775	16019
07:40	2	21289	100656	15606	12681
11:30	3	18263	78538	13622	9308
15:20	4	15836	63777	14111	9001
19:10	5	14984	56625	12653	8813
23:00	6	13465	40442	11917	8247
26:50	7	10954	35760	11163	7380
30:40	8	10634	34673	10678	7552
SMPS	**Nr.**	**Salbutamol**	**Beclometason**	**Berodual**	**Placebo**
07:00	1	17805	136315	21064	9630
14:00	2	13169	87599	16979	6950
21:00	3	10866	66118	14004	5014
28:00	4	9570	53791	13489	5154
35:00	5	7953	46798	12308	4857
42:00	6	7208	40200	11125	3891
48:00	7	6696	34795	9942	4054
54:00	8	-	31983	9543	-

Diese Tabelle zeigt, dass bei der Nutzung von Inhalationsspray ein Anstieg der Gesamtanzahlkonzentration im Modellraum nachweisbar ist. Die höchste Anzahlkonzentration erreicht bei beiden Messverfahren das Spray Beclometason. Danach folgen Berodual bei der SMPS - Messung und Salbutamol bei der WRAS - Messung. Wie auch bei den Versuchen mit Haarspray fällt die Gesamtanzahlkonzentration bei beiden Messverfahren kontinuierlich von Scan zu Scan. Die unterschiedlichen Gesamtanzahlkonzentrationen bei dem gleichen Spray lassen sich durch die verschiedenen Messbereiche und die Messzeiten der beiden Messverfahren erklären. Im Nachfolgenden werden die unterschiedlichen Messergebnisse sowohl für die SMPS - Messungen als auch für die WRAS - Messungen für die untersuchten Inhalationssprays dargestellt.

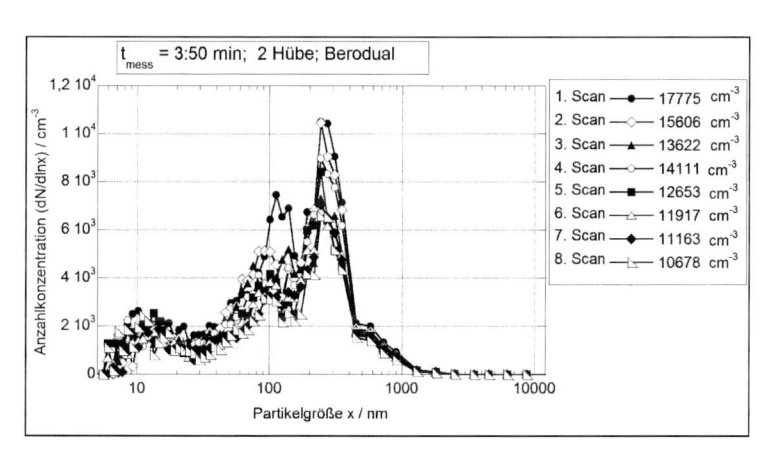

Abb. 5.2: Anzahlkonzentration des Inhalationssprays Berodual gemessen mit dem WRAS - System

Das Spray Berodual hat zwei Maxima, bei 100 nm und um 150 nm. Diese sind bei der Messung mit dem SMPS - System im Bild 5.3 nicht so deutlich zu erkennen wie bei der WRAS - Messung im Bild 5.2. Diese zeigt eine deutliche Partikelfreisetzung im Bereich von 5 nm. Nach ca. 35 Minuten ist die Gesamtanzahlkonzentration um den Faktor 1,8 gefallen. Bei allen untersuchten Inhalationssprays fällt die gemessene Anzahlkonzentration kontinuierlich von Scan zu Scan. Es ist zu vermuten, dass die Partikeln agglomerieren und sich an den Wänden ablagern, wie anhand von Haarspray in Abschnitt 4.2.4.2 ausführlich erläutert wurde.

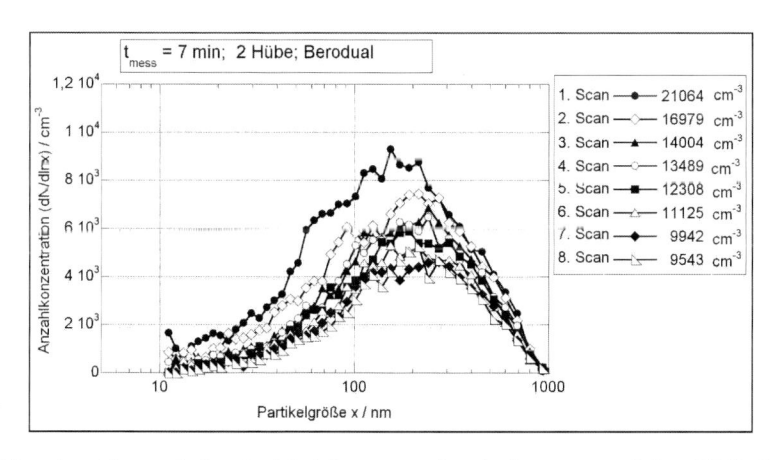

Abb. 5.3: Anzahlkonzentration des Inhalationssprays Berodual gemessen mit dem SMPS - System

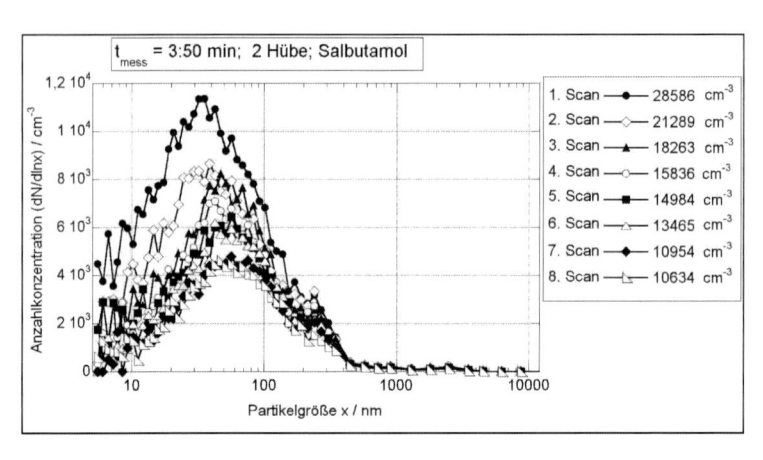

Abb. 5.4: Anzahlkonzentration des Inhalationssprays Salbutamol gemessen mit dem WRAS - System

Die gemessene Gesamtanzahlkonzentration der WRAS - Messung ist ungefähr um den Faktor 1,7 größer als die der SMPS - Messung. Dieses ist u.a. durch die deutlich kürzere Messzeit zu erklären. Freigesetzt werden Partikeln im Bereich zwischen 5 nm und 500 nm, wobei das Maximum bei ca. 40 nm liegt. Dieses ist im Bild 5.4 deutlicher zu erkennen als im Bild 5.5. Nach ca. 35 Minuten ist die Gesamtanzahlkonzentration um einen Faktor zwischen 1,8 und 2,7 gefallen.

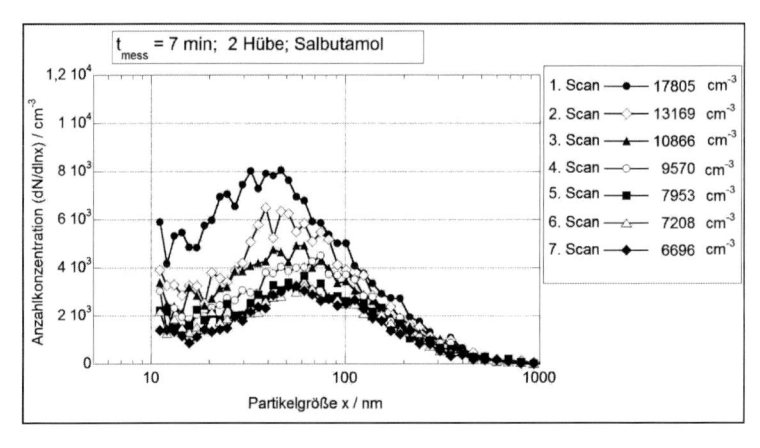

Abb. 5.5: Anzahlkonzentration des Inhalationssprays Salbutamol gemessen mit dem SMPS - System

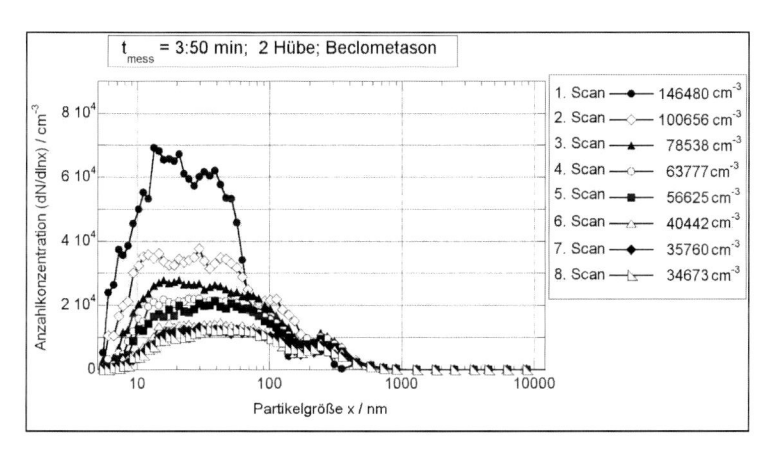

Abb. 5.6: Anzahlkonzentration des Inhalationssprays Beclometason gemessen mit dem WRAS - System

Bei den Messungen mit dem Spray Beclometason werden Partikeln im Bereich zwischen 5 nm und 450 nm freigesetzt. Das Maximum liegt bei 10 nm. Das ist erst durch die WRAS - Messung (vgl. Bild 5.6) erkennbar, da der Messbereich größer ist. Die Gesamtanzahlkonzentration ist um den Faktor 1,2 höher als die SMPS - Messung im Bild 5.7. Nach ca. 35 Minuten fällt die Konzentration um den Faktor 4,2 bzw. 2,9.

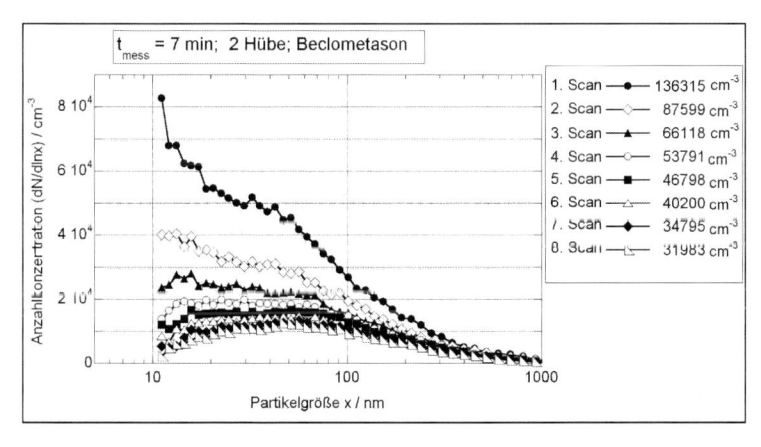

Abb. 5.7: Anzahlkonzentration des Inhalationssprays Beclometason gemessen mit dem SMPS - System

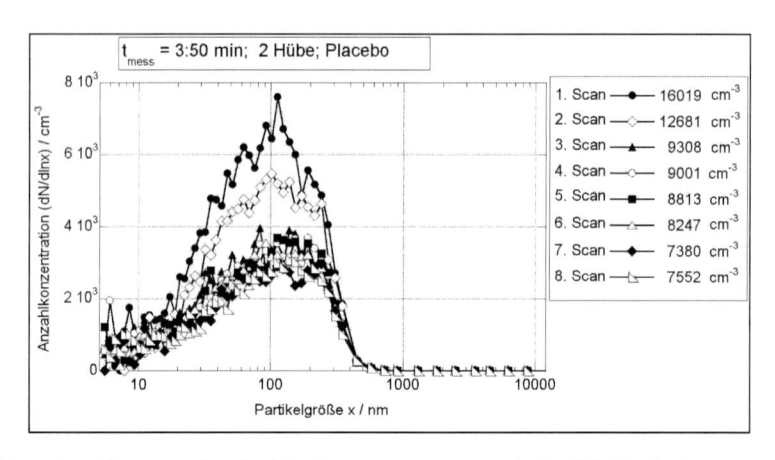

Abb. 5.8: Anzahlkonzentration des Placebosprays gemessen mit dem WRAS - System

Das Maximum dieses Inhalationssprays liegt bei dem WRAS - System bei 100 nm und bei dem SMPS - System zwischen 80 nm und 110 nm. Insgesamt werden Partikeln in einem Größenbereich von 5 nm bis 350 nm freigesetzt. Auch hier sind die Werte der Gesamtanzahlkonzentration im Bild 5.8 deutlich größer als im Bild 5.9. Nach 35 Minuten ist die Konzentration insgesamt um den Faktor 1,9 bzw. 2,1 gefallen.

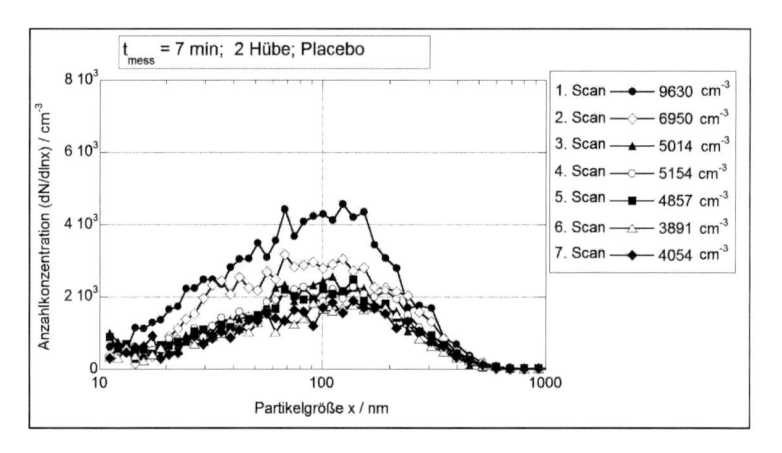

Abb. 5.9: Anzahlkonzentration des Placebosprays gemessen mit dem SMPS - System

Um das Abklingverhalten der Gesamtanzahlkonzentrationen der Inhalationsspraymessungen besser beurteilen zu können, werden die Messergebnisse auf den ersten Scan normiert. Diese sind in Bild 5.10 dargestellt. Zusätzlich wird die Auswertung dieser

Ergebnisse mit denen der Haarspraymessungen und der gemörserten Tabletten vereinfacht.

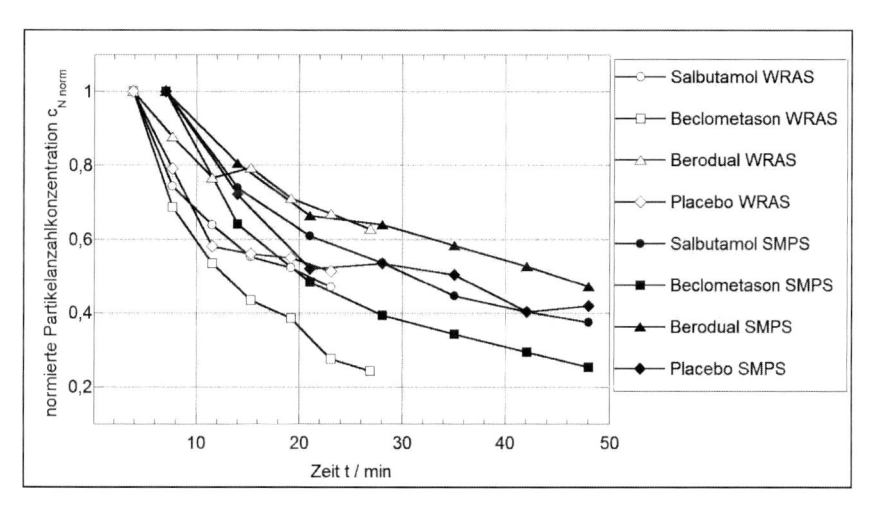

Abb. 5.10: normierte Partikelanzahlkonzentration der Inhalationssprays

Nach 28 Minuten lag die Gesamtanzahlkonzentration zwischen 25 % und 65 % der Ausgangskonzentration bei den WRAS - Messungen. Die Größenspanne ist bei den SMPS - Messungen kleiner und liegt zwischen 40 % und 62 % nach der gleichen Zeit. Die dargestellten Kurven fallen kontinuierlich während der Messzeit, die Kurven der WRAS - Messungen etwas unregelmäßiger als die vom SMPS. Dieses ist teilweise bei der WRAS - Messung und dem somit kürzeren Messintervall (3:50 Minuten) zu erklären, da so Veränderungen registriert werden können, die bei der SMPS - Messung mit einem Messintervall von 7 Minuten nicht mehr erkennbar sind. Auch bei diesem Versuch sind die Bedingungen nicht stationär, da die Partikeln u.a. schnell agglomerieren und sich ablagern. Dies wurde bereits bei den Haarspraymessungen ausführlich erläutert (vgl. Abschn. 4.2.4.3).

Zusätzlich wurden für diese Messungen die Median- und Modalwerte berechnet, die in den Tabellen 5.3 und 5.4 aufgeführt sind. Ziel ist es, diese später mit den berechneten Werten der Haarspraymessungen und den Ergebnissen der Tabletten zu vergleichen.

Tab. 5.3: Medianwerte $x_{50,0}$ der Inhalationssprays

Zeit t / min:s	Scan	Medianwerte $x_{50,0}$ / nm			
WRAS	Nr.	Salbutamol	Beclometason	Berodual	Placebo
03:50	1	151	22	46	82
07:40	2	38	30	199	87
11:30	3	15	35	224	79
15:20	4	13	38	204	84
19:10	5	22	41	219	88
23:00	6	25	43	211	87
SMPS	Nr.	Salbutamol	Beclometason	Berodual	Placebo
07:00	1	43	34	142	84
14:00	2	51	37	166	85
21:00	3	52	40	178	88
28:00	4	59	46	175	89
35:00	5	58	50	182	91
42:00	6	59	52	182	96

Das Inhalationsspray Berodual fällt durch seine hohen Medianwerte sowohl bei der SMPS - als auch bei der WRAS - Messung auf, wobei letztere die höchsten Werte aufzeigen. Die niedrigsten Medianwerte hat Beclometason. Da es sich bei den untersuchten Inhalationssprays um medizinische Produkte für Atemwegserkrankungen handelt, dringen alle verhältnismäßig weit in die Atemwege ein.

Die Modalwerte beschreiben die Partikelgröße bei deren die meisten Partikeln vorkommen und sind in Tabelle 5.4 dargestellt.

Tab. 5.4: Modalwerte x_{mod} der Inhalationssprays

Zeit t / min:s	Scan	Modalwerte x_{mod} / nm			
WRAS	Nr.	Salbutamol	Beclometason	Berodual	Placebo
03:50	1	7	9	9	9
07:40	2	6	11	7	12
11:30	3	7	13	8	7
15:20	4	9	12	9	6
19:10	5	6	11	6	6
23:00	6	6	15	7	6
SMPS	Nr.	Salbutamol	Beclometason	Berodual	Placebo
07:00	1	11	11	11; 56	25
14:00	2	11	11	11; 23; 82	32
21:00	3	11	11	12; 68; 112	11
28:00	4	11	13	75; 92; 101	11
35:00	5	11	16	56; 75	11
42:00	6	11	13	91; 112	13

Bei dieser Tabelle fallen die sehr niedrigen Werte der Inhalationssprays auf, außer bei Berodual. Diese Werte sind bei der SMPS - Messung deutlich höher. Auch ist bei diesem Medikament die Angabe mehrerer Modalwerte nötig, da durch mehrere nahezu gleich große Peaks diese nicht eindeutig bestimmbar sind. Das bedeutet für die Inhalationssprays, dass vor allem sehr kleine nanoskalige Partikeln freigesetzt werden. Die Anwendungsbereiche dieser Sprays sind meistens die tiefen Atemwege.

5.3 Auswertung der Messdaten durch den Vergleich der Freisetzung von Partikeln durch die Anwendung von Haar- und Inhalationsspray

5.3.1 Einführung in den Vergleich der Freisetzung von Partikeln durch die Anwendung von Haar- und Inhalationsspray

In der weiteren Auswertung werden die Ergebnisse der Messungen aus dem Modellraum und dem Raum B genutzt und mit den ermittelten Werten der Inhalationssprays verglichen. Der Modellraum wurde gewählt, da die beiden Sprayprodukte in diesem untersucht wurden. Mit den Versuchen im Raum B wurde die Situation in Friseursalons realitätsnahe nachgestellt. Deshalb werden diese Ergebnisse für die weitere Expositionsabschätzung genutzt. Raum A diente als Zwischenschritt zwischen den Räumen A und B, um einzelne Parameter festzustellen. Eine Expositionsabschätzung mit diesen Daten wird nicht als zielführend angesehen.

5.3.2 Bewertung der Ergebnisse aus dem Raum A

In einem nächsten Schritt werden die Messdaten der Inhalationssprays und die der Haarsprays, welche im Modellraum ermittelt wurden, verglichen. Das Pumphaarspray High Hair wird nicht betrachtet, da es sich anders verhält als die Treibgashaarsprays. Die nachfolgende Tabelle 5.5 zeigt die Gesamtanzahlkonzentration der beiden untersuchten Produkte für die ersten vier Scans.

Tab. 5.5: Übersicht der Gesamtanzahlkonzentration c_N der Haar- und Inhalationssprays im Modellraum

Zeit t / min	Scan	Gesamtanzahlkonzentration c_N / cm⁻³				
Friseur-haarspray	Nr.	Alcina	Goldwell	High Hair	Kadus	Performance
07	1	156297	201054	127241	258246	201105
14	2	106804	130312	96899	190009	134776
21	3	86896	100319	81861	156841	107335
28	4	75034	82858	71656	133027	89990
Drogerie-haarspray	Nr.	Balea	Gard	Gliss Kur	Elnett de Luxe	Wellaflex
07	1	88434	170376	246480	167910	35390
14	2	58621	113548	169137	113392	25978
21	3	45127	86514	135751	86300	21725
28	4	37687	70049	112298	67946	18723
Inhalations-Sprays	Nr.	Salbutamol	Beclometason	Berodual	Placebo	
07	1	17805	136315	21064	9630	
14	2	13169	87599	16979	6951	
21	3	10866	66118	14004	5014	
28	4	9570	53791	13489	5154	

Bei vier der Haarsprays Goldwell, Kadus, Performance und Gliss Kur ist die Konzentration während der betrachteten vier Scans überwiegend im Bereich von 10^6 Partikeln pro cm³. Das Inhalationsspray mit der höchsten Gesamtanzahlkonzentration Beclometason erreicht während des ersten Scans die gleiche Größenordnung und liegt dann im Bereich von 10^5 Partikeln pro cm³. Alcina, High Hair, Gard und Elnett haben während der ersten zwei Scans noch Werte im Bereich von 10^6 Partikeln pro cm³ in den nachfolgenden nur noch 10^5 Partikeln pro cm³ und befinden sich somit im Bereich von Beclometason. Die beiden Haarsprays Balea und Wellaflex liegen im Größenbereich zwischen Beclometason und Berodual.

Im Bereich der Gesamtanzahlkonzentration erreichen die Haarsprays deutlich höhere Konzentrationen als die vier untersuchten Inhalationssprays. Bei der Auswahl des Modellraumes wurde davon ausgegangen, dass dieser ungefähr dem Volumen zwischen Friseur und Kunden entspricht. Bei den Messungen im Modellraum wird das freigesetzte Haarspray betrachtet ohne Berücksichtigung, dass dieses auf den Haaren des Kunden haften bleibt. Das bedeutet, dass die Gesamtanzahlkonzentration niedriger ausfallen wird. Dieses ist im Abschnitt 4.2.7 gezeigt worden. Auch wenn dieses berücksichtigt wird, liegt die Gesamtanzahlkonzentration der Haarsprays voraussichtlich im Bereich der Inhalationssprays, so dass die Vermutung nahe liegt, dass auf Grund der Anzahlkonzentration von einer Exposition der Mitarbeiter ausgegangen werden kann. Bei der Medizintechnik wird davon ausgegangen, dass nur zwischen 10 % und 20 % des Inhalationssprays in die unteren Atemwege gelangen [BFF99]. Unter der Annahme, dass die Abscheidemechanismen von Haarspraypartikeln gleich denen der Inhalationsspraypartikeln sind, sind die gemessenen Haarspraykonzentrationen hoch genug, dass viele der Partikeln weit in den Atemtrakt dringen können.

Um das Abklingverhalten der Haarsprays und der Inhalationssprays besser beurteilen zu können, wurden alle Messungen auf den jeweils ersten Scan normiert, so dass der Einfluss der Werte der Gesamtanzahlkonzentration verringert werden konnte. Die Ergebnisse sind in Bild 5.11 dargestellt.

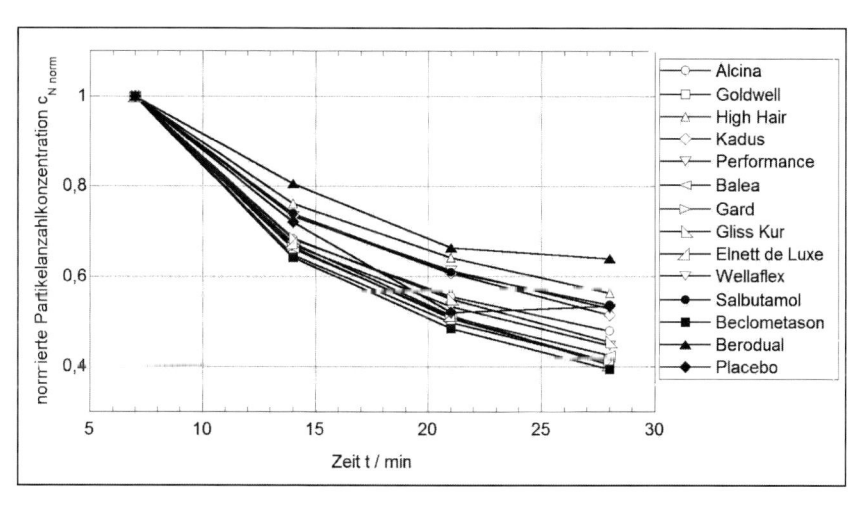

Abb. 5.11: Darstellung der normierten Partikelanzahlkonzentration von Haar- und Inhalationsspray über die Zeit (Abklingverhalten)

Die vier Inhalationssprays, hier mit den gefüllten Symbolen dargestellt, schließt die Haarspraywerte nach oben und unten ein. Das bedeutet, dass das Abklingverhalten der beiden untersuchten Sprayprodukte in der Tendenz gleich ist. Nach 28 Minuten sind noch zwischen 40 % und 65 % der Ausgangskonzentration vorhanden. Für das Haarspray bedeutet das, dass dieses verhältnismäßig lange in der Umgebung verbleibt und so eine Exposition von Haarspraypartikeln für Mitarbeiter bewirken kann. Durch die Versuche im Raum B wurde gezeigt, dass sich Haarspray in einem Raum anreichern kann. Das Inhalationsspray wird normalerweise direkt in die Atemwege aufgenommen.

Bei dieser Betrachtung wurde die Partikelgröße noch nicht berücksichtigt. Dieses wird bei der Bewertung der Medianwerte erfolgen. Die Medianwerte der einzelnen Produktgruppen (Abschn. 4.3.4.2.2, Tab. 4.9 Haarspray; Abschn. 5.2.2 Tab. 5.3) sind bereits ausführlich beschrieben und erklärt, so dass nur auf die Zusammenstellung in Tabelle 5.6 und auf den Vergleich der beiden eingegangen wird.

Tab. 5.6: Medianwerte $x_{50,0}$ der Haar- und Inhalationssprays im Raum A

Zeit t / min	Scan	Medianwerte $x_{50,0}$ / nm				
Friseur-haarspray	Nr.	Alcina	Goldwell	High Hair	Kadus	Performance
07	1	228	142	150	169	190
14	2	251	167	176	198	217
21	3	263	184	190	215	234
28	4	269	197	199	224	243
Drogerie-haarspray	Nr.	Balea	Gard	Gliss Kur	Elnett de Luxe	Wellaflex
07	1	194	238	229	179	196
14	2	221	263	261	210	201
21	3	232	275	277	214	208
28	4	241	281	285	229	216
Inhalations-sprays	Nr.	Salbutamol	Beclometason	Berodual	Placebo	
07	1	43	34	142	84	
14	2	51	37	166	85	
21	3	52	40	178	88	
28	4	59	46	175	89	

Die Medianwerte der Haarsprays sind deutlich größer als die der Inhalationssprays, mit Ausnahme von Berodual. Dieses liegt in der gleichen Größenordnung wie die Haarsprays High Hair, Goldwell und teilweise Kadus. Berodual wird verwendet, um u.a. chronische obstruktive Lungenerkrankungen und chronische Bronchitis zu behandeln. Das bedeutet, dieses Medikament dringt mindestens zu den Bronchien in den Atemtrakt ein.

Haarsprays haben eine andere Zusammensetzung als Inhalationssprays. Es gibt kaum Informationen, wie Haarsprays im Kontakt mit dem Atemtrakt reagieren können oder wie der Körper diese nach der Inhalation wieder abscheidet. In der Literatur werden immer wieder Lungenschädigungen durch Haarspray erwähnt. Durch die unmittelbare Nähe zwischen Mund, Nase und dem Haarspray kann dieses inhaliert und retiniert werden [HB07].

Wenn nur die Partikelanzahlkonzentration und die Partikelgröße betrachtet werden, fällt auf, dass die gemessenen Konzentrationen verhältnismäßig hoch sind und dass die Medianwerte der Haarsprays teilweise in dem Größenbereich von Inhalationssprays liegen, so dass diese wahrscheinlich auch in den Atemtrakt aufgenommen werden können. Auf Grund der Versuche im Modellraum ist zu vermuten, dass eine inhalative Belastung der Mitarbeiter in Friseursalons durch Haarspray entstehen kann. Die Modalwerte der beiden Sprayprodukte sind in Tabelle 5.7 dargestellt.

Tab. 5.7: Modalwert x_{mod} der Haar- und Inhalationssprays im Raum A

Zeit t / min	Scan	Modalwert x_{mod} / nm				
Friseur-haarspray	Nr.	Alcina	Goldwell	High Hair	Kadus	Performance
07	1	153	36	75	11	124
14	2	171	51	112	11	138
21	3	171	68	138	11	138
28	4	214	62	153	12	153
Drogerie-haarspray	Nr.	Balea	Gard	Gliss Kur	Elnett de Luxe	Wellaflex
07	1	124	171	153	124	12
14	2	143	171	191	138	39
21	3	153	191	171	138	51
28	4	191	171	191	153	51
Inhalations-sprays	Nr.	Salbutamol	Beclometason	Berodual	Placebo	
	1	11	11	11; 56	25	
14	2	11	11	11; 23; 82	32	
21	3	11	11	12; 68;112	11	
28	4	11	13	75; 92;101	11	

Das Haarspray Kadus hat die niedrigsten Modalwerte und liegt im Bereich der betrachteten Inhalationssprays. Die Haarsprays Goldwell, Wellaflex und teilweise High Hair haben Modalwerte im Bereich vom Inhalationsspray Berodual. Diese Tabelle zeigt, dass die Modalwerte der meisten Haarsprays deutlich größer sind als die der Inhalationssprays.

5.3.3 Bewertung der Ergebnisse aus dem Raum B

Als nächstes werden die Gesamtanzahlkonzentrationen der Haarspraymessungen im Raum B (Abschn. 4.2.6) und die Inhalationssprays betrachtet. Die Ergebnisse sind in der folgenden Tabelle 5.8 dargestellt. Bei der nachfolgenden Betrachtung muss berücksichtigt werden, dass der Vergleich nur bedingt möglich ist, da die Raumgrößen und die Versuchsdurchführungen unterschiedlich sind. Um einen ersten Anhaltspunkt für die Beurteilung der untersuchten Haarsprays im Raum B zu erhalten, wird versucht, diese mit Hilfe der Messdaten der Inhalationssprays neu zu beurteilen und zu klassifizieren.

Tab. 5.8: Übersicht der Gesamtanzahlkonzentration c_N der Haar- und Inhalationssprays im Raum B

| Zeit t / min | Scan Nr. | Gesamtanzahlkonzentration c_N / cm^{-3} ||||||
| | | Drogeriehaarspray ||| Friseurhaarspray |||
Haarspray		Balea	Gliss Kur	Wellaflex	Alcina	High Hair	Performance
07	1	13961	22776	11070	15524	12231	17287
14	2	13946	19783	10725	14536	12094	16122
21	3	13339	18283	10356	13764	11725	15191
28	4	12613	16783	9892	13164	11158	14164
35	5	15307	26863	10798	22578	15120	22538
42	6	17002	24711	10616	21441	14739	21150
49	7	16155	22698	10542	20161	14419	19895
56	8	15561	20040	10313	19054	13874	18428
63	9	19562	29157	11288	28468	17569	25617
70	10	20409	27642	11002	27132	17281	24050
77	11	19430	25553	10960	25527	16672	22872
84	12	18606	23958	10615	24615	15962	21637
91	13	22298	33266	11365	34281	19621	28704
98	14	22533	31008	11353	32761	19566	27185
105	15	21825	28864	10917	30675	18880	25760
112	16	20750	25588	10835	29058	18135	23804
119	17	23038	37406	12282	36571	22749	29066
126	18	23563	33529	12207	33900	22096	27336
133	19	22502	30972	11470	32102	21270	25718
140	20	21190	29025	11544	30255	20184	23879
Inhalationssprays	Nr.	Salbutamol	Beclometason	Berodual	Placebo		
07	1	17805	136315	21064	9630		
14	2	13169	87599	16979	6951		
21	3	10866	66118	14004	5014		
28	4	9570	53791	13489	5154		

Im Raum B wurde an drei Stellen eine bestimmte Menge Haarspray versprüht und dieses nach einer Pause fünf Mal wiederholt. Es hat sich gezeigt, dass die Gesamtanzahlkonzentration kontinuierlich anstieg. Im Modellraum wurden einmalig zwei

Hübe des Inhalationssprays freigesetzt. Die Konzentrationen im Raum B liegen in der gleichen Größenordnung, wie die Inhalationssprays Salbutamol und Beclometason, welche sogar höhere Konzentrationen als die betrachteten Haarsprays aufweisen. Dies bedeutet, dass durch die wiederholte Nutzung von Haarspray in einem Raum von 114 m³ Gesamtanzahlkonzentrationen erreicht werden können, die in der gleichen Größenordnung liegen wie bei der Verwendung von Inhalationsspray in einem 0,207 m³ großen Raum. Auch bei diesen Haarspraymessungen liegt die Gesamtanzahlkonzentration wahrscheinlich niedriger, da die Versuche ohne Perücke durchgeführt wurden. Wenn wieder der Ansatz der Inhalationssprays gewählt wird, dass mindestens 10 % bis in die Alveolen dringen können [BFF99], ist die gemessene Konzentration zwar niedrig, aber es können noch genug Partikeln in die tiefen Atemwege gelangen, unter der Bedingung, dass die Abscheidemechanismen der Partikeln gleich sind.

In einem nächsten Schritt werden die Medianwerte der Inhalationssprays und der Messungen aus dem Raum B in der Tabelle 5.9 dargestellt und bewertet.

Tab. 5.9: Medianwerte $x_{50,0}$ der Haar- und Inhalationssprays im Raum B

Zeit t / min	Medianwerte $x_{50,0}$ / nm						
	Scan	Drogeriehaarspray			Friseurhaarspray		
Haarspray	Nr.	Balea	Gliss Kur	Wellaflex	Alcina	High Hair	Performance
07	1	61	82	60	122	89	53
14	2	69	89	64	140	95	59
21	3	70	91	64	142	97	62
28	4	71	95	66	141	98	66
35	5	71	102	67	145	96	77
42	6	87	123	75	156	102	89
49	7	89	130	74	159	107	94
56	8	91	138	76	162	105	102
63	9	90	130	80	155	103	94
70	10	103	149	84	167	106	115
77	11	105	155	85	169	109	121
84	12	108	160	87	176	113	126
Inhalationssprays	Nr.	Salbutamol	Beclometason	Berodual	Placebo		
07	1	43	34	142	84		
14	2	51	37	166	85		
21	3	52	40	178	88		
28	4	59	46	175	89		

Für die Messungen in Raum B sind zur besseren Übersicht nur die Medianwerte bis 84 Minuten aufgeführt. Die Medianwerte der Haarsprays steigen mit der Zeit deutlich an. Dieses ist in Abschnitt 4.2.6.2.3 ausführlich erläutert. Das Inhalationsspray Beclometason hat deutlich kleinere Medianwerte als die sechs betrachteten Haarsprays. Die Werte von Salbutamol liegen in der gleichen Größenordnung wie die Haarsprays Performance, Wellaflex und Balea. Das Inhalationsspray Berodual und das Haarspray Alcina haben vergleichbare Werte. Das bedeutet, dass die Medianwerte von vier der untersuchten Haarsprays im Bereich von einem Inhalationsspray liegen. Unter der Bedingung, dass die Abscheidemechanismen im Körper von Haarspraypartikeln und Inhalationsspraypartikeln gleich sind, können die Partikeln von Haarspray weit in den Atemtrakt eindringen.

Die Modalwerte beschreiben das Maximum der Anzahlverteilungsdichtefunktion und somit die Partikelgröße bei der die meisten Partikeln vorkommen. In der nachfolgenden Tabelle 5.10 sind die Modalwerte der Haarsprays aus dem Raum B und die der Inhalationssprays aufgeführt. Auch bei dieser Beurteilung muss die unterschiedliche Raumgröße und die Versuchsdurchführung berücksichtigt werden.

Tab. 5.10: Modalwerte x_{mod} der sechs Haarsprays und der Inhalationssprays

Zeit t / min	Modalwert x_{mod} / nm						
	Scan	Drogeriehaarspray			Friseurhaarspray		
Haarspray	Nr.	Balea	Gliss Kur	Wellaflex	Alcina	High Hair	Performance
07	1	13	12	12	11	56	11
14	2	13	11	17	30	47	11
21	3	36	21	36	83	47	11
28	4	12	11	16	32	43	17
35	5	47	75	15	83	34	17
42	6	47	30	47	75	56	21
49	7	47	56	51	83	62	23
56	8	43	75	39	92	62	27
63	9	43	62	39	83	62	11
70	10	52	91	47	112	62	32
77	11	47	68	51	75	51	23
84	12	51	68	62	83	68	32
Inhalationssprays	Nr.	Salbutamol	Beclometason	Berodual	Placebo		
07	1	11	11	11; 56	25		
14	2	11	11	11; 23; 82	32		
21	3	11	11	12; 68;112	11		
28	4	11	13	75; 92;101	11		
35	5	11	16	56; 75	11		
42	6	11	13	91; 112	13		

Diese Auswertung ist ein erster Ansatz die untersuchten Haarsprays neu zu beurteilen. Auffällig ist, dass die Modalwerte der Inhalationssprays deutlich niedriger sind, als die der Haarsprays. Die Ausnahme bildet Berodual, das mehrere Modalwerte aufweist und somit teilweise in der Größenordnung von Haarsprays liegt. Performance weist niedrigere Modalwerte auf und ist im Bereich der drei anderen Inhalationssprays. Die Modalwerte zeigen, dass bei der untersuchten Haarsprays teilweise die Partikelmaxima in der gleichen Größenordnung liegen wie die Inhalationssprays. Das bedeutet, dass Anteile der Haarspraypartikeln inhalativ in den Körper aufgenommen werden können.

5.3.4 Abschließende Beurteilung Haarspray und Inhalationsspray

Literaturdaten von Inhalationssprays zeigen, dass moderne Pulverzerstäuber eine maximale Partikelgröße von ca. 10 µm erreichen. In der Medizintechnik wird davon ausgegangen, dass 10 % bis 20 % des inhalierten Medikamentes die Alveolen erreichen [BFF99]. Die Versuche mit den Inhalationssprays haben gezeigt, dass die Kurvenverläufe zwischen diesen und Haarsprays im Modellraum vergleichbar sind. Dieser Ansatz ist eine erste Möglichkeit die Messdaten von Haarspray neu zu beurteilen, obwohl die Raumgrößen (Raum B und Modellraum) und die Versuchsdurchführung unterschiedlich sind. Werden diese Einschränkungen berücksichtigt, zeigt sich, dass einige Messdaten der beiden Sprayprodukte in der gleichen Größenordnung liegen. Die gemessenen Anzahlkonzentrationen von Haarspray im Modellraum und Raum B sind noch hoch genug, dass, wenn nur 10 %, wie bei Inhalationssprays in die Alveolen dringen können, einige Haarspraypartikeln in die tiefen Atemwege gelangen können. Die Bestimmung der Median- und Modalwerte von Haarspray hat gezeigt, dass die Partikelgrößen im Bereich zwischen 50 nm und 300 nm liegen. Laut Literatur liegt die Partikelgröße bei Inhalationssprays, welche die Alveolen erreichen, zwischen 1 µm und 5 µm [BFF99]. Das heißt, es liegt die Vermutung nahe, dass die untersuchten Haarsprays in die tieferen Atemwege gelangen können. Dies gilt unter der Bedingung, dass sich Haarspraypartikeln vergleichbar im Körper verhalten wie Partikeln von Inhalationssprays. Es ist zu berücksichtigen, dass die Abscheidemechanismen von nanoskaligen Partikeln im Körper nur unzureichend bekannt sind.

5.4 Auswertung des Mörsern von Tabletten und die Anwendung von Inhalationssprays

5.4.1 Bewertung der Freisetzung von Partikeln durch das Mörsern von Tabletten und die Anwendung von Inhalationssprays

Im nächsten Abschnitt werden die Messdaten der gemorserten Tabletten in Zusammenhang mit den Inhalationssprays ausgewertet. Die nachfolgende Tabelle 5.11 zeigt die Gesamtpartikelanzahlkonzentration der beiden Produkte. Für die gemörserten Tabletten werden nur die Scans des eigentlichen Mahlprozesses (2. und 3. Scan) dargestellt, da normalerweise in Krankenhäusern bzw. Altenheimen diese sofort verabreicht werden.

Tab. 5.11: Gesamtanzahlkonzentration c_N während des Mahlprozesses von Tabletten und der Inhalationssprays

Zeit t / min:s	Scan	Gesamtanzahlkonzentration c_N / cm³				
Medikament	Nr.	Bisoprolol	Cetirizin Hexal	Cetirizin ratiopharm	Clarithromycin	Diclofenac
07:40	2	84	583	909	621	924
11:30	3	238	1560	1423	2039	2263
Medikament	Nr.	Ibubeta	Metformin 500	Metformin 1000	Paracetamol	Penicillin
07:40	2	290	441	3064	993	66
11:30	3	551	625	4409	357	159
Inhalationsspray	Nr.	Salbutamol	Beclometason	Berodual	Placebo	
03:50	1	28586	146480	17775	16019	
07:40	2	21289	100656	15606	12681	
11:30	3	18263	78538	13622	9308	
15:20	4	15836	63777	14111	9001	
19:10	5	14984	56625	12653	8813	
23:00	6	13465	40442	11917	8247	

Deutlich in der Tabelle 5.11 ist zu sehen, dass die Gesamtanzahlkonzentration der Inhalationssprays höher ist als bei dem Mahlprozess. Auch steigt diese während des Mörservorganges an, so dass eine Normierung der Daten nicht sinnvoll ist. Die Entstehung der Partikeln während des Mahlprozesses ist eine grundlegend andere als bei der Nutzung von Haarspray bzw. Inhalationssprays. Bei den beiden Sprayprodukten werden Partikeln durch z.B. Treibgas fein im Raum verteilt. Bei dem Mahlprozess werden die Tabletten mit Hilfe von Druck und Reibung zerkleinert. Aus diesen Gründen wird der Hauptfokus bei dem Vergleich der Daten und der Expositionsabschätzung nicht auf die Partikelanzahlkonzentration gelegt, sondern auf die berechneten Median- bzw. Modalwerte.

Ein weiterer Unterschied ist die gewollte pharmakologische Wirkung der Medikamentenbestandteile. In diesem Punkt sind die gemörserten Tabletten den Inhalationssprays ähnlicher als die zuvor vorgestellten Haarsprays. Unter der Berücksichtigung, dass nur 10 % der Inhalationsspraypartikeln bis in die Alveolen gelangen können, ist die gemessene Anzahlkonzentration der gemörserten Tabletten relativ niedrig. Für eine „worst case" Betrachtung bedeutet das, dass jeder gemessene Partikel zu 100% aus Wirkstoff besteht. Werden diese unbewusst inkorporiert, reichen niedrige Konzentrationen für eine Wirkung aus. Bei der weiteren Betrachtung wird von dieser „worst case" Situation ausgegangen.

Tab. 5.12: Medianwerte $x_{50,0}$ der gemörserten Medikamente und der Inhalationssprays

Zeit t / min:s	Scan	Medianwerte $x_{50,0}$ / nm				
Medikament	Nr.	Bisoprolol	Cetirizin Hexal	Cetirizin ratiopharm	Clarithromycin	Diclofenac
07:40	2	30	60	14	12	17
11:30	3	30	72	19	14	14
Medikament	Nr.	Ibubeta	Metformin 500	Metformin 1000	Paracetamol	Penicillin
07:40	2	25	32	11	38	652
11:30	3	23	20	11	15	75
Inhalationsspray	Nr.	Salbutamol	Beclometason	Berodual	Placebo	
03:50	1	151	22	46	82	
07:40	2	38	30	199	87	
11:30	3	15	35	224	79	
15:20	4	13	38	204	84	
19:10	5	22	41	219	88	
23:00	6	25	43	211	87	

Die Tabelle 5.12 zeigt, dass die berechneten Medianwerte der gemörserten Tabletten in der gleichen Größenordnung liegen, wie die der Inhalationssprays. Die Ausnahmen sind Penicillin und das Inhalationsspray Berodual. Werden die gemörserten Tabletten genauso in den Körper aufgenommen und dort abgeschieden, wie die Inhalationsspraypartikeln gelangen diese weit in die Atemwege. Die Tabelle 5.13 zeigt die berechneten Modalwerte der beiden Produkte.

Tab. 5.13: Modalwerte x_{mod} der gemörserten Medikamente und der Inhalationssprays

Zeit t / min:s	Scan	Modalwert x_{mod} / nm				
Medikament	Nr.	Bisoprolol	Cetirizin Hexal	Cetirizin ratiopharm	Clarithromycin	Diclofenac
07:40	2	13	15	11	6	6
11:30	3	8	7	9	7	6
Medikament	Nr.	Ibubeta	Metformin 500	Metformin 1000	Paracetamol	Penicillin
07:40	2	9	15	7	39	215
11:30	3	6	9	7	6	15
Inhalationsspray	Nr.	Salbutamol	Beclometason	Berodual	Placebo	
03:50	1	7	9	9	9	
07:40	2	6	11	7	12	
11:30	3	7	13	8	7	
15:20	4	9	12	9	6	
19:10	5	6	11	6	6	
23:00	6	6	15	7	6	

Auch die Modalwerte der gemörserten Tabletten liegen in der gleichen Größenordnung wie die Inhalationssprays, die Ausnahme ist wieder Penicillin. Auch diese Werte zeigen, dass ein großer Teil bis tief in die Atemwege gelangen kann.

5.4.2 Abschließende Beurteilung Tabletten und Inhalationsspray

Literaturdaten von Inhalationssprays zeigen, dass moderne Pulverzerstäuber eine maximale Partikelgröße von ca. 10 µm erreichen. In der Medizintechnik wird davon ausgegangen, dass 10 % bis 20 % des inhalierten Medikamentes die Alveolen erreichen [BFF99]. Der Vergleich zwischen den Messdaten der Inhalationssprays und den gemörserten Tabletten hat gezeigt, dass die gemessene Anzahlkonzentration der Tabletten geringer ist als bei Inhalationssprays. Wird von einem „worst case" Szenario ausgegangen, bedeutet das, dass alle Partikeln Wirkstoffe beinhalten, so dass geringe Mengen des inhalierten Stoffes eine Wirkung verursachen können.

Bei der Betrachtung muss berücksichtigt werden, dass diese Tätigkeit bei der Ausführung eine geringe Zeit in Anspruch nimmt, aber wiederholt durchgeführt werden müssen.

Die Bestimmung der Median- und Modalwerte von gemörserten Tabletten haben gezeigt, dass die Partikelgrößen im Bereich zwischen 11 nm und 652 nm liegen. Laut Literatur liegt die Partikelgröße bei Inhalationssprays, welche die Alveolen erreichen, zwischen 1 µm und 5 µm [BFF99]. Das heißt, es liegt die Vermutung nahe, dass die untersuchten Tabletten in die tieferen Atemwege gelangen können. Dies gilt unter der Bedingung, dass sich Tablettenpartikeln vergleichbar im Körper verhalten wie Partikeln von Inhalationsspray. Es ist zu berücksichtigen, dass die Abscheidemechanismen von nanoskaligen Partikeln im Körper nur unzureichend bekannt sind. Sind Partikeln in dieser Größenordnung im biologischen Milieu löslich, hat dies Einfluss auf die Wirkung und Verweilzeit im Organismus.

6 Schlussbetrachtung und Ausblick

Das Ziel dieser Arbeit war es, eine Grundlage für die Gefährdungsbeurteilungsbeurteilung bei der Verwendung von Haarspray und dem Mörsern von Tabletten zu legen. In beiden Fällen können Partikeln freigesetzt werden und zu einer Exposition der Mitarbeiter führen. Aus diesem Grunde wurden der Einsatz von Haarspray und der Mörservorgang von Tabletten unter Laborbedingungen näher untersucht.

Bei den Messungen hat sich gezeigt, dass ein bedeutender Anteil an nanoskaligen Partikeln freigesetzt wird, so dass die Betrachtung nicht masse- sondern anzahlbezogen erfolgt. Eine weitere Schwierigkeit ist die Definition von Nanopartikeln, da diese gezielt hergestellt werden – im Gegensatz zu ultrafeinen Partikeln, die natürlich vorkommen oder bei Tätigkeiten als Nebenprodukte entstehen. Inwieweit es sich bei Haarspray- und Tablettenpartikeln um Nano- bzw. ultrafeine Partikeln handelt, ist nicht endgültig geklärt. Dies ist für die weitere Betrachtung jedoch nicht von Relevanz.

Bei der endgültigen Expositionsabschätzung muss berücksichtigt werden, dass die Abscheidemechanismen von nanoskaligen Partikeln im Körper nur unzureichend bekannt sind.

Haarspray

Durch die Versuche im Modellraum mit einer Größe von 0,207 m³ konnte festgestellt werden, dass bei der Nutzung von Haarspray nanoskalige Partikeln freigesetzt werden. Die Partikelanzahlkonzentration ist abhängig von der Sprühzeit, der Haarspraysorte und dem Beginn der Messung. Es konnte ermittelt werden, dass das Absinken der Anzahlkonzentration durch die Brown'sche Diffusion, die Agglomeration der Partikeln und deren Ablagern an Oberflächen zu erklären ist. Diese Phänomene konnten auch in den größeren Räumen A und B beobachtet werden. Die Versuchsdurchführung im Raum B wurde den Gegebenheiten in den Friseursalons angepasst: Es wurde wiederholt Haarspray an unterschiedlichen Raumpunkten versprüht. Dabei hat sich gezeigt, dass sowohl beim erstmaligen Sprühen nanoskalige Partikeln nachzuweisen waren, als auch eine Anreicherung dieser Partikeln im Raum. Dieser Sachverhalt ist für eine Gefährdungsbeurteilung in Friseursalons von besonderer Bedeutung, da ohne ausreichende technische oder natürliche Lüftung die Haarspraypartikeln in der Arbeitsumgebung verbleiben.

In einem Friseursalon ist die zu erwartende Anzahlkonzentration abhängig von der Art der Arbeit, der Raumgröße und der Kundenanzahl und wird deshalb Konzentrationsschwankungen unterliegen. Bei den Messungen vor Ort konnte die Verwendung von Haarspray nur bedingt messtechnisch nachgewiesen werden, da zeitnah ein Föhn, der, wie durch Versuche gezeigt wurde, ebenfalls nanoskalige Partikeln emittiert, eingesetzt wurde.

Durch die Versuche hat sich herausgestellt, dass die Auswahl der Haarsprays bereits deutliche Auswirkungen auf die zu erwartende Anzahlkonzentration hat. Beispielsweise werden durch Pumphaarsprays weniger Partikeln freigesetzt als bei Treibgashaarsprays. Die Haarspraysorte und der Hersteller haben ebenfalls einen Einfluss.

Für die Risikominimierung ist es empfehlenswert, eine Substitutionsprüfung durchzuführen. Des Weiteren sollte über die generelle Nutzung von Haarspray, bzw. wie viel verwendet wird und über eine ausreichende Belüftung nachgedacht werden. Dieser Ansatz wird durch die für die Expositionsabschätzung durchgeführten Inhalationssspraymessungen bestätigt. Es hat sich gezeigt, dass die bei der Verwendung von Treibgashaarspray gemessenen Anzahlkonzentrationen hoch genug sind, dass diese, auch wenn nur 10 % bis in die tieferen Atemwege gelangen können, dort nicht ausschließbar eine Wirkung erzielen können. Der Vergleich zwischen den Median- bzw. Modalwerten der Inhalations- und Treibgashaarsprays hat gezeigt, dass diese Werte in der gleichen Größenordnung liegen.

Abschließend ist Folgendes festzuhalten:
Bei einer Gefährdungsbeurteilung in Friseursalons sind die Nutzung von Haarsprays und die Freisetzung von nanoskaligen Partikeln unbedingt zu berücksichtigen. Nanoskalige Haarspraypartikeln in hoher Konzentration können insbesondere auf Grund der Partikelgröße tief in die Atemwege eindringen und reichern sich in der Luft des Salons an. Hier ist die Expositionsdauer besonders zu berücksichtigen. Die toxikologische Wirkung kann zurzeit, mangels medizinischer Daten, noch nicht abgeschätzt werden.

Basierend auf den in dieser Arbeit durchgeführten Untersuchungen hat sich folgendes Vorgehen als wirksam und risikominimierend erwiesen:

- Substitution des eingesetzten Haarsprays
- Minimierung der verwendeten Menge
- Optimierung der Belüftung (technisch oder natürlich)

Mörsern von Tabletten

Durch die Versuche mit der Mörsermühle konnte festgestellt werden, dass durch das Mörsern von Tabletten nanoskaligen Partikeln freigesetzt werden. Die Partikelanzahl-konzentration ist abhängig von der Mahldauer, dem Pistilldruck, der Mahlgutmenge und der Zusammensetzung von Wirk- und Hilfsstoffen. Dies zeigt sich bei den gemörsten Tabletten mit gleichem Wirkstoff und Wirkstoffmenge Cetrizin, aber unterschiedlichen Herstellern. Auf diesem Unterschied basiert die Möglichkeit der Stoffsubstitution zur Risikominimierung.

Bei der gemessen Anzahlkonzentration kann keine Aussage über die Zusammensetzung der Partikeln gemacht werden. Für die Expositionsabschätzung wurde von einem „worst case" Szenario ausgegangen, das bedeutet, dass alle gemessenen Partikeln zu 100 % aus Wirkstoff bestehen.

Die Entstehung der gemessenen Partikeln bei der Nutzung eines Inhalationssprays bzw. beim Mörsern einer Tablette ist eine grundlegend andere. Zusätzlich haben beide Produkte eine pharmakologische Wirkung.

Ein Vergleich der Messdaten zwischen Inhalationsspray und den gemörserten Tabletten hat Folgendes ergeben:

Die gemessene Anzahlkonzentration beim Mörsern von Tabletten ist verhältnismäßig niedrig. Der Vergleich der Median- bzw. Modalwerte hat gezeigt, dass diese bei den untersuchten Produkten im gleichen Wertebereich liegen. Dadurch kann die Vermutung aufgestellt werden, dass auch diese Partikeln tief in die Atemwege gelangen können, unter der Voraussetzung, dass die Abscheidemechanismen im Körper für alle gleich sind. In der Medizintechnik wird davon ausgegangen, dass 10 % der inhalierten Medikamente bis in die Alveolen gelangen können [BFF99]. Werden Partikeln inkorporiert, die pharmakologisch wirksam sind, sind auch kleine Mengen für eine Wirkung ausreichend.

Basierend auf den in dieser Arbeit durchgeführten Versuchen haben sich folgende Maßnahmen als wirksam erwiesen:

- Substitution des eingesetzten Medikamentes (gleicher Wirkstoff, anderer Hersteller; hierbei müssen die medizinischen Anforderungen berücksichtigt werden)
- Optimierung der Belüftung, technisch oder natürlich
- Einhaltung der „guten Laborpraxis"

Ausblick

Es hat sich gezeigt, dass die in dieser Arbeit beschriebenen Versuchsaufbauten Modellraum für Haarspray und die Verwendung der Mörsermühle für eine Analyse und den Vergleich von Produkten untereinander geeignet sind. Bei Haarsprays entsprechen sie dem Atembereich des Friseurs und es spiegeln sich in standardisierter Form die realen Bedingungen wider. Die automatische Mörsermühle kommt dem realen Mörsern nahe, standardisiert den Versuchsablauf um eine Reproduzierbarkeit zu gewährleisten. Sie stellen somit eine Grundlage für die Gefährdungsbeurteilung und die Risikominimierung dar.

Darüber hinaus können diese Ergebnisse der Versuche auch für berufsgebundene Sprüh- oder Mahlprozesse, wie z.B. Imprägniersprays, und somit für andere Berufsgruppen als die hier angesprochenen genutzt werden.

Es hat sich bei den Versuchen gezeigt, dass die für den Arbeitsschutz üblichen Regelungen, wie z.B. Essensverbote, gute Lüftung und „gute Laborpraxis", aber auch ggf. Substitution, sinnvoll sind. Diese Regelungen und dieses Vorgehen sollten eingehalten werden.

Werden Nanopartikeln gezielt für z.B. technische oder medizinische Zwecke hergestellt, sind dem Unternehmer und den Mitarbeitern der Umgang und das Risikopotenzial, das sie eingehen, bewusst. Bei den hier betrachteten Tätigkeiten ist diese Sensibilisierung der Mitarbeiter allerdings nicht gegeben, da nicht bekannt ist, dass bei der Arbeit nanoskalige Partikeln freigesetzt werden [WBDMSF12].

Eine Aufklärung und Sensibilisierung der Unternehmer und Mitarbeiter ist deshalb dringend erforderlich, um das Problembewusstsein zu fördern. Das muss durch staatliche Organisationen, Unfallversicherungsträger und Unternehmerverbänden erfolgen, wie es bereits bei einer breiten Aufklärung bei der Problematik der künstlich erzeugten Nanopartikeln geschieht. Hierzu müssen weitere Forschungen und Kommunikationen in naher Zukunft erfolgen.

In dieser Arbeit wurden die gesundheitlichen Risiken der gemessenen Partikeln nicht bewertet, da die gewonnen Messdaten keine Aussage darüber machen können. Festgestellt werden konnte, wie dargelegt, lediglich die Möglichkeit des Eindringens der Partikeln in den Atemtrakt. Dieses sollte weiter untersucht werden, da keine ausreichenden Erkenntnisse in diesem Bereich vorliegen. Es kommt hinzu, dass zu erwarten ist, dass verschiedene nanoskalige Partikeln auch unterschiedliche Auswirkungen auf den Körper haben können.

Literaturverzeichnis

AKNP11	AK Nanomaterialien des UA I Gefahrstoffmanagement: Bericht an den AGS, 13.01.2011
AMYSK12	Anand, S.; Mayya, Y.; Yu, M.; Seipenbusch, M.; Kasper, G.: A numerical study of coagulation of nanoparticle aerosols injected continuously into a large, well stirred chamber, Journal of Aerosol Science, 52, S. 18–32, 2012
ArbSchG	Arbeitsschutzgesetz vom 7. August 1996 (BGBl. I S. 1246), das zuletzt durch Artikel 15 Absatz 89 des Gesetzes vom 5. Februar 2009 (BGBl. I S. 160) geändert worden ist
BAGS11	Bundesanstalt für Arbeitsschutz und Arbeitsmedizin – AGS-Geschäftsführung: Wissensstand bezüglich möglicher Wirkprinzipien und Gesundheitsgefahren durch Exposition mit arbeitsplatzrelevanten Nanomaterialien, 24.03.2011
BAUA1118	Bundesanstalt für Arbeitsschutz und Arbeitsmedizin: Forschung: Nanopartikel bleiben meist in Gemeinschaft, 18. November 2011
BAUA1128	Bundesanstalt für Arbeitsschutz und Arbeitsmedizin: Pressemitteilung 078/11 Forschung: Wirkung von Nanopartikeln auf Erbinformation untersucht, Dortmund, 28.11.2011
BEC07	Becker, H.: Gesundheitliche Risiken technisch hergestellter Nanopartikel, Umwelt und Mensch, Informationsdienst, RKI; UBA; BfS, Berlin, 2, S. 24–27, 2007
BFF99	Bauer, K. H.; Frömming, K.-H.; Führer, C.: Lehrbuch der Pharmazeutischen Technologie, Wissenschaftliche Verlagsgesellschaft, Stuttgart, 1999
BFR06	Bundesinstitut für Risikobewertung: Pressemitteilung 12/2006: Nanopartikel waren nicht die Ursache für Gesundheitsprobleme durch Versiegelungssprays!, 26.05.2006
BGV	Deutsche Gesetzliche Unfallversicherung e.V.: BGV A1 – Unfallverhütungsvorschrift Grundsätze der Prävention, 1. Januar 2004
BI11	Boehringer Ingelheim: Packungsbeilage Berodual Respimat, 2011
BI12	Boehringer Ingelheim: Verpackungsaufschrift Placebo Respimat, 2012
BIA03	Riediger, G.: BIA-Workshop „Ultrafeine Aerosole an Arbeitsplätzen", Berufsgenossenschaftlichen Institut für Arbeitsschutz, Sankt Augustin, 2003
BRO06	Brockhaus-Enzyklopädie, Brockhaus, Leipzig [u.a.], 2006.

BW05	Baron, P. A.; Willeke, K.: Aerosol measurement, Wiley-Interscience, Hoboken, N.J, 2005
CR11	Carl Roth GmbH + Co. KG: Sicherheitsdatenblatt POLYVINYLACETAT reinst, 2011
DEC10	DECHEMA e.V: Statuspapier Feinstaub, Frankfurt am Main, 2010
DIN1121	DIN SPEC 1121; DIN ISO/TS 27687 Nanotechnologien – Terminologie und Begriffe für Nanoobjekte – Nanopartikel, Nanofaser und Nanoplättchen, 2010-02
DIN18439	DIN EN ISO 28439 Arbeitsplatzatmosphäre – Charakterisierung ultrafeiner Aerosole/Nanoaerosole – Bestimmung der Größenverteilung und Anzahlkonzentration mit differentiellen elektrischen Mobilitätsanalysesystemen, 2011-07
DIN481	DIN EN 481 Arbeitsplatzatmosphäre; Festlegung der Teilchengrößenverteilung zur Messung luftgetragener Partikel, 1993-09
EHS12	Eickmann, U.; Hartwig, M.; Schmidt, E.: Untersuchungen zur Freisetzung hochwirksamer Stäube beim Mörsern von Arzneistoffen, Gefahrstoffe Reinhaltung der Luft, S. 191–197, 5 2012
EIC08	Eickmann, U.: Methoden der Ermittlung und Bewertung chemischer Expositionen an Arbeitsplätzen, Ecomed Medizin, 2008
EIC12	Eickmann, U.: Persönliche Mitteilung, Berufsgenossenschaft für Gesundheitsdienst und Wohlfahrtspflege, 2012
EM05	Eduard Merkle: Technisches Datenblatt Ulmer Weiß XMF, 2005
ER87	Ebel, S.; Roth, H. J.: Lexikon der Pharmazie, G. Thieme, Stuttgart, New York, 1987
FB10	Fischer, D.; Breitenbach J. (Hrsg): Die Pharmaindustrie, Spektrum, Akad. Verl., Heidelberg, 2010
GAI12	Gail, L.: Reinraumtechnik, Springer, Berlin [u.a.], 2012
GB10	Becker, K.: Der Brockhaus, Gesundheit, Brockhaus, Gütersloh, München, 2010
GRIMM05	Grimm Aerosol Technik: Tragbare Staubmessgeräte Serie 1.100, Ainring, 2005
GRIMM06	Grimm Aerosol Technik: SMPS Series 5.400, Ainring, 2006
GRIMM07	Grimm Aerosol Technik: software WRAS version 5.473 v1.40/1.41/1.42, Ainring, 2007
GRIMM12	Grimm Aerosol Technik: Persönliche Mitteilung, 2012

GSDWZ12	Gibson, R.; Stacey, N.; Drais, E.; Wallin, H.; Zatorski, W.: Risk perception and risk communication with regard to nanomaterials in the workplace, Publications Office of the European Union, Luxembourg, 2012
GUV	Deutsche Gesetzliche Unfallversicherung e.v.: GUV-V A1 – Unfallverhütungsvorschrift Grundsätze der Prävention, Juli 2004
HAL08	W. Haldenwanger Technische Keramik: Laborporzellan, Waldkraiburg, 2008
HB07	Hoffmeyer, F.; Brüning, T.: Haarspraylunge, BGFA-Info, 03, S. 6–9, 2007
HIN99	Hinds, W. C.: Aerosol technology, Wiley, New York, 1999
HNNY07	Hosokawa, M.; Nogi, K.; Naito, M.; Yokoyama T.: Nanoparticle Technology Handbook, Elsevier, 2007
HRPKB03	Hartwig, S.; Rupp, A.; Puls, E.; Kim, J.-H.; Binder, F.: Reinigung und Instandhaltung von Industrieanlagen: Stoffbelastungen, Wirtschaftsverlag NW, Bremerhaven, 2003
IFA11	Institut für Arbeitsschutz der Deutschen Gesetzlichen Unfallversicherung (IFA): GESTIS-Stoffdatenbank, geprüft am: 11.11.2011
IGA	Industrie-Gemeinschaft Aerosole e.V: Entwicklung der Aerosolproduktion, http://www.aerosolverband.de/spraydose/produktion-marktzahlen-in-deutschland.html, geprüft am: 24.07.2012
KNLK05	Koch, W.; Nolte, O.; Langer, P.; Kock, H.: Ermittlung von expositionsrelevanten Daten beim Umgang mit aerosolbildenden Arbeitsverfahren, 2005
KOC12	Koch, W.: SprayExpo, Hannover, 2012
KRU05	Krug, H. F.: Auswirkungen nanotechnologischer Entwicklungen auf die Umwelt, Umweltwissenschaften und Schadstoff-Forschung, 4, 17, S. 223–230, 2005
LS11	Lehder, G.; Skiba, R.: Taschenbuch Arbeitssicherheit, Erich Schmidt Verlag, Berlin, 2011
LUMN10	LUBW Landesanstalt für Umwelt, Messungen und Naturschutz Baden-Württemberg: Nanomaterialien: Toxikologie/Ökotoxikologie, August 2010
MOE05	Möhlmann, C.: Vorkommen ultrafeiner Aerosole an Arbeitsplätzen, Gefahrstoffe Reinhaltung der Luft, S. 469–471, 11/12 2005
MOE07	Möhlmann, C.: Ultrafeine (Aerosol)- Teilchen und deren Agglomerate und Aggregate, BGIA-Arbeitsmappe, IV 2007

MS85	Majer, V.; Svoboda, V.: Enthalpies of vaporization of organic compounds, Blackwell Scient. Publ., Oxford [u.a.], 1985
NIOSH09	National Institute for Occupational Safety and Health: Approaches to safe nanotechnology, 2009
RET08	Retsch: Die Kunst des Zerkleinerns, Haan, 2008
RP07	Ratiopharm: Packungsbeilage Beclometason-ratiopharm 0,05 mg Dosieraerosol, 2007
RSRA04	The Royal Society & The Royal Academy of Engineering: Nanoscience and nanotechnologies: opportunities and uncertainties, 2004
RW11	Roedel, W.; Wagner, T.: Physik unserer Umwelt: die Atmosphäre, Springer, Berlin, Heidelberg, 2011
SA95	Schäffler, A.; Amberg, S. C.: Biologie, Anatomie, Physiologie für die Pflegeberufe, Jungjohann; Gehlen, Neckarsulm, Bad Homburg v. d. Höhe, 1995
SCH01	Schmidt, E.: Kurz gefasste Grundlagen der Partikelcharakterisierung und der Partikelabscheidung, Shaker, Aachen, 2001
SP09	Stadapharm: Packungsbeilage Salbutamol Stada N 0,1mg/Sprühstoß, 2009
STI09	Stiess, M.: Mechanische Verfahrenstechnik, Springer, Berlin, Heidelberg, 2009
SUVA09	suva: Nanopartikel an Arbeitsplätzen, www.suva.ch/nanopartikel, September 2009
TIBBIV12	Arbeitsgruppe Mechanische Verfahrenstechnik, Institut für Verfahrenstechnik und Umwelttechnik, Technische Universität Dresden, Bereich Luftreinhaltung & Nachhaltige Nanotechnologie, Institut für Energie- und Umwelttechnik e.V., Berufsgenossenschaft Rohstoffe und chemische Industrie, Bundesanstalt für Arbeitsschutz und Arbeitsmedizin, Institut für Arbeitsschutz der DGUV, Verband der Chemischen Industrie e.V.: Ein mehrstufiger Ansatz zur Expositionsermittlung und –bewertung nanoskaliger Aerosole, die aus synthetischen Nanomaterialien in die Luft am Arbeitsplatz freigesetzt werden, https://www.vci.de/Downloads/PDF/Expositionsermittlung%20und%20-bewertung%20nanoskaliger%20Aerosole%20.pdf, 2012
TRGS530	TRGS 530 Technische Regeln für Gefahrstoffe Friseurhandwerk, März 2007
TRGS900	TRGS 900 Arbeitsplatzgrenzwerte, Januar 2006; zuletzt geändert und ergänzt: GMBl 2012 S. 11

UKNSPG12	The UK NanoSafety Partnership Group: Working Safely with Nanomaterials in Research & Development, http://www.safenano.org/UKNanosafetyPartnership.aspx, August 2012
UBA06	Birmili, W.: Räumlich-zeitliche Verteilung, Eigenschaften und Verhalten ultrafeiner Aerosolpartikel (<100nm) in der Atmosphäre, sowie die Entwicklung von Empfehlungen zu ihrer systematischen Überwachung in Deutschland, Umweltbundesamt, Dessau, 2006
UMB04	Umbach, W. (Hrsg): Kosmetik und Hygiene, Wiley – VCH Verlag, 2004
WIC02	Wichmann, H. E.: Gesundheitliche Wirkungen von Feinstaub, Ecomed, Landsberg, 2002
WRL91	Winklayr, W.; Reischl, G. P.; Lindner, A. O.; Berner, A.: A new electromobility spectrometer for the measurement of aerosol size distributions in the size range from 1 to 1000 nm, Journal of Aerosol Science, S. 289–296, 1991
WBDMSF12	Winterhalter, R.; Berlin, K.; Dietrich, S.; Matzen, W.; Schierl, R.; Fromme, H.: Messung von synthetischen Nanopartikeln und Ultrafeinstaub an ausgewählten Arbeitsplätzen, Gefahrstoffe Reinhaltung der Luft, S. 359-366, 9/2012

Formelzeichen

Formelzeichen	Einheit	Beschreibung
η	kg m^{-1} s^{-1}	dynamische Viskosität
λ	m	mittlere freie Weglänge
ρ	kg m^{-3}	Dichte
ρ_g	kg m^{-3}	Gasdichte
ρ_p	kg m^{-3}	Partikeldichte
$\omega_{s,st}$	m s^{-1}	Sinkgeschwindigkeit
$\omega_{s,st}^*$	m s^{-1}	Sinkgeschwindigkeit mit Cu
c	mg m^{-3}	Massenkonzentration
c_N	cm^{-3}	Gesamtanzahlkonzentration
c_{verd}	min	Verdünnung durch Messgerät
c_w	einheitenlos	Strömungswiderstandkoeffizient
Cu	einheitenlos	Cunningham – Korrektur
D_x	m² s^{-1}	Diffusionskoeffizient
g	m s^{-2}	Erdbeschleunigung
h	m	Höhe des Raumes
J	s^{-1} m^{-3}	Koagulationsrate
J^*	m^{-2} s^{-1}	Diffusionflussdichte
K	m³ s^{-1}	Koagulationsfunktion
m	g	Masse
M	g mol^{-1}	molare Masse
n_a	cm^{-3}	Ausgangskonzentration
n_x	cm^{-3}	Anzahlkonzentration
$N(t)$	m^{-2}	Partikelverlust
p_s	kPa	Sättigungsdampfdruck
r	m	Radius
R	J K^{-1} mol^{-1}	universale Gaskonstante
Re_p	einheitenlos	Partikel - Reynoldszahl
t	s	Zeitintervall
t_{verw}	s	Verweilzeit
t_v	s	Verdampfungszeit
T	K	Temperatur
V	L	Volumen
$\dot{V}$	L min^{-1}	Luftdurchsatz
x	m	Partikeldurchmesser
$x_{50,0}$	nm	Medianwert
x_{mod}	nm	Modalwert

Lebenslauf

Name: Martina Hartwig

Geburtsdatum: 18.12.1975 in Freiburg / Breisgau

Familienstand: verheiratet, zwei Kinder

Staatsangehörigkeit: deutsch

1995	**Erzbischöfliches Gymnasium St.-Anna**, Wuppertal Allgemeine Hochschulreife
1995 – 1998	**Agaplesion Bethesda Krankenhaus**, Wuppertal Ausbildung zur Krankenschwester
1998 – 2000	**Spital Surses**, Savognin / Schweiz Krankenschwester, Schichtleitung, Rettungsdienst und Ausbildung von Krankenpflegeschülern
2000	**Theresienklinik**, Bad Krozingen Krankenschwester
2000 – 2005	**Bergische Universität Wuppertal**, Sicherheitstechnik (DII) Schwerpunkt: Arbeitssicherheit Diplom-Ingenieur, Fachkraft für Arbeitssicherheit
2002 - 2003	**„Université de Haute Alsace"**, Mulhouse / Frankreich „Gestion des Risques et Environnement" (Risiko- und Umweltwissenschaften); Stipendium: Deutsch – Französische Hochschule
Studienarbeit:	„Beurteilung von operativen Eingriffen im Krankenhaus aus Sicht der Sicherheitstechnik"

Diplomarbeit:	„Systematische Sicherheitsüberprüfung zum Brandrisiko einer untertägigen Bandstraße im Bergwerk Ibbenbüren"
seit 2005	Promotionsstudentin
2005 – 2006	**Bergische Universität Wuppertal**, Fachbereich D Sicherheitstechnik, Fachgebiet Methoden der Sicherheitstechnik/Unfallforschung Projektvorbereitung, Lehrtätigkeit
seit 2006	**Bergische Universität Wuppertal**, Fachbereich D Sicherheitstechnik, Sicherheitstechnik/Umweltschutz Wissenschaftliche Mitarbeiterin Unterbrochen durch Elternzeit
seit 2007	Strahlenschutzbeauftragte des Fachgebietes